掌握生活窍门　享受快乐生活

最有用　最常用　最好用

生活窍门全知道

王　浩 编著

光明日报出版社

图书在版编目（CIP）数据

生活窍门全知道 / 王浩编著 . -- 北京：光明日报出版社，2012.1（2025.1 重印）
ISBN 978-7-5112-1874-2

Ⅰ.①生…　Ⅱ.①王…　Ⅲ.①生活—知识　Ⅳ.① TS976.3

中国国家版本馆 CIP 数据核字 (2011) 第 076450 号

生活窍门全知道

SHENGHUO QIAOMEN QUAN ZHIDAO

编　　著：王　浩

责任编辑：李　娟　　　　　　　　　责任校对：中　石
封面设计：玥婷设计　　　　　　　　封面印制：曹　净

出版发行：光明日报出版社

地　　址：北京市西城区永安路 106 号，100050

电　　话：010-63169890（咨询），010-63131930（邮购）

传　　真：010-63131930

网　　址：http://book.gmw.cn

E - mail：gmrbcbs@gmw.cn

法律顾问：北京市兰台律师事务所龚柳方律师

印　　刷：三河市嵩川印刷有限公司

装　　订：三河市嵩川印刷有限公司

本书如有破损、缺页、装订错误，请与本社联系调换，电话：010-63131930

开　　本：170mm×240mm

字　　数：180 千字　　　　　　　　印　　张：10

版　　次：2012 年 1 月第 1 版　　　印　　次：2025 年 1 月第 4 次印刷

书　　号：ISBN 978-7-5112-1874-2

定　　价：35.00 元

前　言

　　人们在日常生活中经常遇到很多难题，例如衣服上沾了油渍、血渍怎样才能洗掉，怎样对付家里讨厌的蟑螂、苍蝇，购买木耳、莲子、茶叶时怎样辨别真伪优劣，小孩厌食、尿床怎么治……但是如果掌握了窍门，就能快速有效地解决这些问题。

　　本书收录了众多生活窍门，对于衣、食、住、行中经常出现的、难以解决的问题提供了最有效的解决方案。这些窍门都来自于生活，是人们在生活实践中总结出来的生活智慧和经验，它们简单易行，并不需要专门的技巧就可掌握，让您在生活中省时、省力、省钱。

　　全书分为消费篇、生活篇两部分，涉及烹调美食、居家、美容、休闲购物以及用品维护等生活中多个方面的内容。为了便于读者查阅、使用，我们将各部分又进行了具体分类，如生活部分又分为衣物、食品、房产、电器等内容，并且将所有条目都列在目录中，这样，读者在使用时可以根据自己的需要在目录中进行检索，快速地查找到自己所需的信息。

目 录

三 房产

四 电器

十一　艺术品

▶ 生活篇

一　衣物

二 饮食

三　居住

四　休闲

五 清洁

六 节水节气节电

七 一物妙用

八　综合技巧

消费篇

CONSUMPTION

一　衣物

1　识别皮衣真伪

（1）仔细观察毛孔分布及其形状，天然皮革毛孔多，较深且不易见底。毛孔浅而垂直的，可能是合成革或修饰面革。

（2）从断面上看，天然皮革的横断纤维层面基本一致，其表面一层呈塑料薄膜状。

（3）用水滴在皮面上，易吸水的为天然皮革，不吸水则为人造皮革。

2　识别毛线质量的技巧

优质的毛线条干均匀，绒毛整齐，逆向的绒毛少，粗细松紧一致，呈蓬松状；其色泽鲜明纯正，均匀和润，手洗后不串色，且手感干燥蓬松，柔软而有弹性。反之毛线则为劣品。

3　识别全毛织物的技巧

全毛织物应该表面平整，色泽均匀，光泽柔和，手感柔软，富有弹性，用手捏料放松后，可自然恢复原状，且表面上没有褶皱。

4　识别羊毛衫质量的技巧

将羊毛衫轻轻摊开，外观条形均匀无断头，色泽和谐无色差，针密无漏针，手感柔软有弹性的为上品；若外观粗糙、光泽灰暗、手感僵硬的则是劣品。

5　鉴别羽绒服质量

选用做羽绒服的羽绒，必须经过消毒、水洗、去杂、筛选等工艺，而原毛则是从鸭子身上直接拔下来的毛绒，肮脏且保温性能差，而且还会对人体健康有所危害。因此在选购羽绒服的时候，如果闻毛绒有较浓的腥味，用手轻拍后，羽绒的面料上有尘迹或尘土飞扬，可能是原毛制作的。

用指尖仔细地触摸一下，若布满大头针、火柴梗般的毛片，则说明它的含绒量在30%以下，如果基本上摸不到硬梗的杂物，则证明其含绒量在60%左右，且符合质量的要求。含绒量高的羽绒制品，用手摸上去柔软、舒适，很难摸出硬梗。

用双手搓揉羽绒制品，若有毛绒钻出，则说明使用的面料防钻绒的性能不好。用手掂羽绒制品，重量越轻，体积越大的为上品，通常羽绒的体积应该是棉花的 2 倍以上。

6 识别真丝和化纤丝绸

手摸真丝织品时有"拉手"感觉，而其他化纤品则没有这种感觉。人造丝织品滑爽柔软，棉丝织品较硬而不柔和。用手捏紧真丝织品，放开后无折痕。人造丝织品松开后则有明显折痕，且折痕难于恢复原状。锦纶丝绢则虽有折痕，但也能缓缓地恢复原状。

7 识别衣料质量的技巧

(1) 一般毛料不应有油味，化纤面料不应有药味。

(2) 看衣料的布边及织法是否整齐。

(3) 质量较好的织物，其纵横纹路应呈垂直交叉。

(4) 将衣料对光，可清楚地看清线结的多少及有没有脱线的地方。

8 识别牛仔裤质量

优质的牛仔裤的表面均应用双线平行缝纫，臀后部采用链形缝制，无抽紧现象，弹力为 15%~20%。必须用防开口拉链，并有定位钉、金属钩、纽扣、标牌等。牛仔裤色泽应均匀一致，且平面处不应有"磨花"痕迹。经水洗涤后手感柔软，布面丰满，绒感显著。

9 识别袜子质量的技巧

一般情况下质量较好的袜子应该表面光滑，纹路、花纹组织清晰，袜口紧，袜底松且后跟大，无露针的现象。

10 鉴别真皮鞋质料

(1) 真的皮革按下去后，纹路会很细，很轻巧，且成平行状；若是假的皮鞋，其纹路粗糙且不规则，成交叉状，且皮质也比较硬，没有弹性。

(2) 用手轻轻地按一下鞋面，若起了小细纹，手指一放开，细纹马上就消失，则表示其弹性好。

11 选购毛料的技巧

先看外观的质量，再将毛料用手拉起来，看是否有毛绒或者长毛，若料子的表面平整，没有疵点和长毛，柔和、光泽自然的是好料；用手摸的时候，比较滑溜、细腻、挺括而不觉得硬，则为好料；将料子用手抓起来，然后放开，若能很快恢复原状的则为好料。

12 鉴选皮草的技巧

选购皮草时，用手把毛向上及后方刷动，若没有脱毛或毛皮破裂现象，且毛皮柔软丰润，便是优良产品。但要注意：皮草的毛质要浓密而富有光泽，毛色一致且柔软无味；优质的皮草触手柔软，底毛绵密且针毛与底毛比例适中。

13 看面料选保暖内衣

优质保暖内衣的中间保温层是超细纤维，成衣柔软又有良好的保暖性能。用手揉捏时，手感柔顺，且无异物感。一件保暖内衣面料的好坏，是影响穿着舒适度的关键。要注意选购质地柔软、透气性强、光泽度好、有弹性，洗涤后不起球、不断丝、不抽丝的保暖内衣。

14 逛街砍价的技巧

(1) 发现了自己喜欢的衣服不要喜形于色，不要急着询问价钱，可以先问问料子，或提出要试穿的要求。穿上后，即使自己满意也不要表现出来，可以挑剔衣服的颜色、款式等。在老板说衣服好话的时候，可以跟他故意对着干。当他的好话已经说得差不多时，就可以开始问价格了。这样，老板会感觉你不是太喜欢，而是凑合着买的，那么，他开的价钱一般也不会很高。

(2) 杀价的时候不能心慈手软。看准衣服后要有个心理价位，款式、面料及商店所处的地段等因素与商品的价格都有着直接的关系。当老板所喊出的价格远远高于自己心理的价位时，可以做出掉头要走的架势，老板拉住你说这件衣服的好话时，不要理会他，喊出比自己心理的价位稍微低点的价格，此时，老板一定会加些价，而你一定要坚持自己的价位，不能松口，大不了不买。几个回合后，老板多半会在你所开出的价钱上稍稍加些，这也许正好是你的心理价位，这时，你就可以放心地买下来了。

(3) 多向选择、试探价格。有些小店里的衣服相似，但因小店位置等相关因素，价格会有所不同。对于这类衣服，可以多逛几家商店，当店主想跟你说价格时，即使你没有问过这类衣服的价钱，也可以非常轻松地说在有些商店也看到有这样的衣服，那么它出的价格会低一半。若你想出的价格确实过低，可能以这种价格确实买不到，可以去别家再看看，即便是没有买到衣服，最起码也能摸清楚"行情"，可以再去另一家店使劲砍价了。

15 试服装有诀窍

（1）在试穿衣服的时候，最好穿着它多走动走动，站、坐、蹲都试试，看看感觉如何，行动是否方便。

（2）要注意衣服尺寸，即使看起来可以穿也要先试一下，因为只看规格是不准的。在试穿衣服的时候要查看侧面和前面整体的效果；为了达到最好的效果，应穿着样式简单，没什么复杂修饰的内衣；珠宝首饰也不宜多戴；穿上跟这套衣服比较搭配的鞋子。

16 服装腰围确定法

一般人的腰围，在吃饭的前后大概可以相差 3 厘米，因此，若在饭后买裤子，则应缩短约 1 厘米，而在饭前买裤子的时候，应加大 1 厘米。这样选购的裤子腰围才合体。

17 选购皮装注意事项

购买皮装时，应首先确认商标、生产厂家、样式、颜色、大小，然后再看是否为真皮，皮装正身及袖片各部位的皮面粗细是否接近，颜色是否均匀一致，有无明显伤残、脱色、掉浆等问题。最后看做工、缝制是否精细，针码大小是否均匀一致，通常质量好的皮革服装，手感丰满柔软、有弹性，表面滑爽、有丝绸感，线缝正直，接缝平整，领兜、拉锁也对称平展且自然。

18 根据试穿效果选购西服

试穿时，可将全部的扣子扣上，看肩膀是否吻合，然后将双臂抬起、放下，弯弯手肘看会不会出现褶皱紧绷的感觉。若背中太紧，或线绷着、太松都不行。通常西服的上衣都有 1~2 寸的修改余地，因此西服上衣的长度如果长得不多，还是可以购买的。

19 选购男性西装面料

男性西装的面料以毛涤面料为好，其料挺括、结实、保型性强，价钱也便宜。一般高级男西装的衣服里面都有一层合衬。在选购时，可用手攥一下衣料，若感到衣服挺而不硬、不僵，弹性大为好。若用手摸上去毛感强，则说明衣料质量较好。检查衣前襟，没有"两张皮"现象说明合衬质量较好。质地低劣的合衬虽能使衣服挺括，但手攥上去会发硬、发僵。

二　食品

1　大米质量辨别

优质的大米颗粒整齐，富有光泽，比较干燥，无米虫，无沙粒，米灰极少，碎米极少，闻之有股清香味，无霉变味。质量差的大米，颜色发暗，碎米多，米灰重，潮湿而有霉味。

大米基本上分为籼米、粳米等几个品种。刚上市的大米又叫新米，其颜色白中泛青，含水分较多。存放时间较久的大米叫陈米，其味道较新米差，口感粗糙。

新米含水量较高，齿间留香，吃口较松；陈米则含水量较低，吃口较硬。新米口感和味道都比陈米好，在选择时，可以从色泽以及米胚芽部位的颜色等加以辨别。首先要看色泽，优质的新米呈透明玉色状，未熟的新米可见青色，陈米不透明；再看米胚芽部位的颜色，新米胚芽部位呈乳黄色或白色，陈米一般呈咖啡色或颜色较深。另外，新米会有股非常浓的清香味，而新轧的陈稻米香味会很少。

在市场、超市、便利商店购买袋装米时，要留意其包装袋上是否标有生产日期、企业名称及产地等信息。

2　鉴别面粉质量

标准质量的面粉，其流散性好，不易变质。当用手抓面粉时，面粉从手缝中流出，松手后不成团。若水分过大，面粉则易结块或变质。含水量正常的面粉，手捏有滑爽感，轻拍面粉即飞扬。受潮含水多的面粉，捏而有形，不易散，且内部有发热感，容易发霉结块。

标准质量的面粉，一般呈乳白色或微黄色。若面粉是雪白色或发青，则说明该产品含有化学成分或有添加剂，面粉颜色越浅，则表明加工精度越高，但其维生素含量也越低。若贮藏时间长了或受潮了，面粉颜色就会加深。

新鲜的面粉有正常的气味，其颜色较淡且清。如有腐败味、霉味、颜色发暗、发黑或结块的现象，则说明面粉储存时间过长或已经变质。

标准质量的面粉，手感细而不腻，颗粒均匀，既不破坏小麦的内部组织结构又能保持其固有的营养成分。

面粉要保持其自然浓郁的麦香味，若面粉淡而无味或有化学药品的味道，则说明其中含有超标的添加剂或化学合成的添加剂。若面粉有异味，则可能变质或添加了变质面粉。

3 色拉油质量鉴别的方法

抽查桶底油，沉淀物不超过5%的为优质油。在亮处观察无色透明容器中的油，保持原有色泽的为好油。在手心蘸一点油，搓后嗅气味，如有刺激性异味，则表明其质量差。在锅内加热至150℃左右，冷却后将油倒出，看是否有沉淀现象。有沉淀则表明其含有杂质。

将洁净干燥的细小玻璃管插入油中，用拇指堵好上口，慢慢抽起，其中的油如呈乳白色，则油中有水，乳色越浓，水分越多。

直接品尝少量油，如感觉有酸、苦、辣或焦味，则表明其质量差。

4 植物油质量鉴别

植物油水分、杂质少，透明度高，表示精炼程度和含磷脂除去程度高，质量好。豆油和麻油呈深黄色，菜油黄中带绿或金黄色，花生油呈浅黄色或浅橙色，棉籽油呈淡黄色，都表明油质纯正。将油抹在掌心搓后闻气味，应具有各自的气味而无异味。取油入口具有其本身的口味，而不应有苦、涩、臭等异味。

5 鉴选猪油

膘油即猪的皮下脂肪。颜色纯白、质地坚实的膘油为好油，猪腹部的膘油质地松软、结缔组织多、质量较差。

板油即为猪腹肌肉侧面的油。板油以质地厚实、颜色洁白、有油脂黏性、有光泽的为上等，否则为次等。

水网油则是猪肠胃外壁上面的油，水网油出油率虽低，但价格比较便宜。由于它是猪肠胃外面的一层脂肪，极易繁殖细菌，所以在保存期内，必须严格把湿度控制好，以防变质。新鲜水网油应为清洁、白色、无杂质、无异味、具有油脂黏性的油。

6 鉴别淀粉质量

质量好的淀粉洁白、有光泽、干燥、无杂质、细腻、松散；若颜色呈灰白、粉红色，粉粒不匀，有杂质，成把紧紧捏住，不外泄，且松手后不易散开，则说明质量比较差。

7 巧辨酱油质量

以瓶装酱油为例，将瓶子倒竖，视瓶底是否留有沉淀，再将其竖正摇晃，看瓶壁是否留有杂物，瓶中液体是否浑浊，是否有悬浮物。优质酱油应澄清透明，无沉淀，无霉花浮膜。同时摇晃瓶子，观察酱油沿瓶壁流下的速度快慢。优质酱油因黏稠度较大，浓度较高，因此流动稍慢，劣质酱油则相反。

8 食醋质量鉴别

质量高的食醋酸味纯正，且芳香无异味；好醋酸味柔和，稍有甜味，无刺激感；米醋呈黑紫色或红棕色，浓度适当，没有悬浮物、沉淀物。从出厂日起，瓶装醋在 3 个月内、散装醋在 1 个月内不应捞出霉花浮膜。

9 鉴别豆瓣酱

质量好的豆瓣酱呈棕红色，油润而有光泽；有脂香和酱香；酥软鲜甜，略有香油味及辣味；面有油层，呈酱状，瓣粒成形，间有瓣粒。

10 选购盐

纯净的食盐洁白而有光泽，色泽均匀，晶体正常有咸味。若带有些苦涩味，则说明铁、钙等水溶性的杂质太多，品质不良，不要食用。

另外，盐里面的碘容易挥发，因此，一次不要买得太多。

11 鉴有毒水产品

若水产品的颜色非常白，超过其应有的白色，且体积肥大，应避免购买和食用。通过闻的方法可鉴别泡发食品是否留有一些刺激性的异味，若有异味，则不要购买。如果用手捏水产品很容易碎，很可能是甲醇泡发的产品，应避免食用。

12 鲜鱼的选购要点

新鲜鱼嘴一般紧闭，口内清洁；鱼鳃鲜红、排列整齐；眼稍凸，黑白眼珠分明，眼明亮无白蒙；表面黏液清洁、透明，略有腥味；鱼体肉质发硬，富有弹性，鳞片紧附鱼体，不易脱落。若表现的不是以上特征则不是新鲜的鱼。

13 鲜活鱼的选购要点

(1)鲜活的鱼在水中游动自如，对外界刺激敏感，而即将死亡的鱼游动缓慢，对刺激反应迟缓。

(2)鲜活的鱼背直立，不翻背，反之，即将死亡的鱼背倾斜，不能直立。

(3)鲜活的鱼经常潜入水底，

偶尔出水面换气，然后又迅速进入水中。若是即将死亡的鱼则浮于水面。

(4) 鲜活鱼的鳞片无损伤或脱落，即将死亡的鱼鳞片有脱落现象。

14 冰冻鱼的选购要点

新鲜冻鱼应该外表鲜艳、鱼体完整、无损坏、鳞片整齐、眼球清晰、鳃无异味，肌肉坚实、有弹性。除了以上具有鲜鱼的质量要求外，包装也要完好，鱼体表层无干缩、油烧现象。有破肚、有异味的冰冻鱼不要购买，特别是不新鲜的鲐鲅鱼，其体内含组氨酸，即使加热后食用也极易中毒。

15 鉴别被污染的鱼

被污染的鱼往往在体形、鱼鳍、鱼眼和味道上与新鲜的鱼有明显的区别，所以在购买鱼类时要着重观察这些部位。

被铅污染的鱼体形不整齐，严重的头大尾小，脊椎僵硬无弹性；化肥污染的鱼体表颜色发黄变青，鱼肉呈绿色，鱼鳞脱落，鱼肚膨胀；有的鱼被各种化学物质污染后开始变味，如大蒜味、农药味、煤油味，可以直接闻出来。还有的鱼虽然从外表看来正常，可鱼眼明显突出，

浑浊没有光泽，这样的鱼也是被污染过的。

16 鲜虾的选购要点

鲜虾的壳应该透明发亮，须和足都完好无损，身体比较硬，对虾是呈现青白色的，青虾则呈现青绿色。而且鲜虾的表面清洁，肉质致密有韧性，有光泽；切面半透明，呈青白色；内脏清楚完整，呈暗绿色。若是虾体出现不完整则说明新鲜度比较差。一般来说，海生的虾要比养殖的虾肉质坚实且肥美。

17 选新鲜河虾

新鲜的河虾呈青绿色，体表有光泽，外壳清澈透明。头体紧密相连，尾节伸屈性较强，拉须有牢固感，肉质细密。质量差的河虾呈灰白色，头体容易脱落，尾节伸屈性差。虾体瘫软有异味，为变质虾，切忌选购此类河虾食用。

18 鉴虾皮质量

手紧握一把虾皮，放松后虾皮若自动散开，外壳清洁，呈黄色，有光，体形完整，颈部和躯体也紧连，眼齐全，则虾皮质量肯定好。若手放松后，虾皮相黏结而不易散，

外表污秽无光，体形也不完整，碎末多，颜色呈暗红色，并伴有霉味，则说明虾皮质量差。

19 选购河蟹的技巧

农历立秋左右，河蟹饱满肥美，此时是选购的最好时节。死蟹往往含有毒素，建议不要购买。质量好的河蟹甲壳呈青绿色，体形完整，活泼有力。雌蟹黄多肥美，雄蟹则油多肉多。根据其脐部可辨别：雄蟹为尖脐，雌蟹为圆脐。

20 选购海蟹的技巧

如果海蟹腿钳残缺松懈，关节挺硬无弹性，稍碰即掉或自行脱落，甚至变腥变臭，则说明海蟹质量太差，不宜食用。而好的海蟹腿脚坚实有力，连接牢固，体形完整。观其脐部可分辨雌雄，圆脐为雌，尖脐为雄。

21 挑选鲜肥蟹的窍门

在挑选肥蟹的时候，要选蟹壳颜色比较深，浓绿如黛的，或者壳上面透出蟹膏的红晕，稍呈菱形的肥蟹；然后，放于手上将蟹掂掂，若蟹的大小相同，则以重者为佳；再用手去捏捏肥蟹的大腿，若感觉坚实，然后再把它背朝上放置，可很快翻转过来的蟹为好。

22 干贝的选购要点

好的干贝个体比较完整且大小均匀，干净耐看，淡淡的黄色中透着光亮，味道腥香微甜。而那些无光泛黄、颗粒参差不齐、松碎的干贝则是次品，如颜色发黑变暗就更差了。

23 鉴别海蜇质量

海蜇的优劣比较容易鉴别，干净无异味、结实清脆、颜色浅黄或者浅红的是优质产品。而已经变质的海蜇又腥又臭，腐烂松软呈胶状，颜色变得棕红发暗。

24 选购海带

优质的海带有以下特点：遇水即展，浸水后逐渐变清，没有根须，宽长厚实，颜色如绿玉般润泽；而品质低劣的海带含有大量的杂质，颜色发黄没有光泽，在水中浸泡很长时间才展开或者根本不展开。

25 鉴别新鲜肉

新鲜的肉呈淡红色，湿润有光

泽，肉汁透明；肉质坚挺紧密，弹性大，用手指压在瘦肉上的凹陷能立即恢复；没有任何异味；骨腔内的骨髓饱满；煮肉的汤应透明清澈，油脂聚于汤的表面，具有香味。而已经变质的肉颜色发紫，肉质变黏发霉，有一股腐败的臭味。

26 牛肉质量的鉴别

从外表、颜色看，新鲜的牛肉外表干或有风干膜，不粘手，肌肉红色均匀，脂肪洁白或淡黄，有光泽；变质肉外表干燥或粘手，切面发黏，肉色暗淡且无光泽。煮成汤后，新鲜的牛肉汤透明澄清，脂肪聚于表面；变质肉有臭味，肉汤浑浊，有黄色或白色絮状物，脂肪极少浮于表面。

27 观肉色选新鲜羊肉

优质的羊肉皮光鲜没有斑点，肉质均匀有光泽，呈鲜红色；不新鲜的羊肉色暗；变质的羊肉色暗无光泽，脂肪呈黄绿色。

新鲜的羊肉质坚而细，有弹性，指压出的凹陷能够马上恢复，肉表面或干或湿都不粘手；不新鲜的羊肉质松，无弹性，干燥或粘手。

新鲜的羊肉无异味；不新鲜的羊肉略有酸味；变质的羊肉有腐败的臭味。

28 鉴别冻猪肉

质量好的冻猪肉，脂肪洁白而有光泽，肉色红而均匀，无霉点，有坚实感，肉质紧密，切面及外表微湿润，无异味，不粘手。质量差的冻猪肉，脂肪微黄，缺乏光泽，色呈暗红，有少量霉点；肉质软化或者松弛，外表湿润，稍有酸味或氨味，切面有渗出液，不粘手。

29 挑选猪肝

看外表：颜色紫红均匀，表面有光泽的是正常的猪肝。

用手触摸：感觉有弹性，无水肿、脓肿、硬块的是正常的猪肝。

另外，有些猪肝的表面有菜籽大小的白点，这是由于一些致病的物质侵袭肌体后，肌体自我保护的一种现象。割掉白点仍然可以食用。但若白点太多，就不要购买了。

30 鉴别动物心脏质量

新鲜的动物心脏质地坚实，有弹性，内部有新鲜的血液；不新鲜的动物心脏则质地松软，没有弹性，并带有黏液，散发异味。

31 鉴别肚质量

新鲜的肚坚实有弹性，呈白色略带浅黄，有光泽，黏液多；不新鲜的肚质地松软没有弹性，呈白色略发青色，没有光泽，黏液少。有病的肚内则长有发硬的小疙瘩。

32 鉴别腰子质量

新鲜的腰子柔润光泽，有弹性，呈浅红色；不新鲜的腰子颜色发青，被水泡过后变为白色，质地松软，膨胀无弹性，并散发异味。

33 鉴别大肠质量

新鲜的肠为白色，多黏液；不新鲜的大肠颜色发青，腐败易烂，黏液少。

34 选购香肠

观外形：质量好的香肠，表面紧而有弹性，切面紧密，色泽均匀，周围和中心一致，肠体干燥有皱瘪状，大小长短适度均匀，肠衣与肉馅紧密相连为一体，肠馅结实；劣质的香肠没有弹性，肠衣与肉馅分离。

察颜色：优质香肠瘦肉呈鲜艳玫瑰红色且不萎缩，肥肉白而不黄，无灰色斑点；劣质香肠呈灰绿色，切面周围有淡灰色圈环。

辨气味：优质香肠嗅之芳香浓郁，劣质香肠发臭或发酸。

35 选购腊肠的窍门

在选购腊肠的时候，首先要看它的颜色，腊肠的肥瘦肉一般以颜色鲜明的为好，若肥肉呈淡黄色，瘦肉色泽发黑，则可能是存放时间太久或者变质；其次，用手捏一捏，若是干透了的腊肠，不但瘦肉硬，而且其表面会起皱；反之说明腊肠的质量不好；再就是闻味，用刀在腊肠上切一个口，若嗅到的是酸异味，则证明腊肠已坏，不宜购买。

36 腊肉质量的鉴别

观色泽：优质的精腊肉为鲜红色，肥肉透明；质量差的腊肉瘦肉呈暗红色，肥肉表面有霉点；质劣的腊肉肥肉呈黄色。

试弹性：优质的腊肉肉质有弹性，指压后痕迹不明显；质量稍差的腊肉稍软，肉质、弹性较差，指压后痕迹能逐渐自然消除；劣质的腊肉肉质无弹性，指压痕迹明显。

辨气味：优质的腊肉无异味；质次的腊肉稍有酸味；劣质的腊肉

有酸败味、哈喇味或臭味，有的外表湿润、发黏。

37 选购酱肉的窍门

在选购的时候，应选购颜色鲜艳而有光泽，皮下脂肪呈白色，外形洁净而完整，肌肉有弹性，无残毛、污垢、肿块、瘀血或者其他残留的器官（如直肠、食管等）的酱肉。用刀插到肉里，然后迅速拔出，若闻到刀上有异味，则有可能是变质肉。

38 鉴别鲜禽质量

从嘴部分辨：鲜禽的嘴部干燥，有光泽，无异味，有弹性；不新鲜的则嘴部暗淡，口角有黏液，角质软化，并有腐败气味。

从眼球分辨：鲜禽的角膜有光泽，眼球充实饱满；不新鲜的则角膜暗淡，眼球下陷，并有黏液。

从肌肉分辨：鲜禽的肌肉结实，有弹性；不新鲜的无弹性，呈灰绿色。

从脂肪分辨：鲜禽的脂肪呈白色，稍透淡黄，有光泽，无异味；不新鲜的则脂肪呈淡灰或淡绿色，有臭味。

从手感分辨：鲜禽的手感舒服干燥，表面呈淡黄色或淡白色；不

新鲜的表面潮湿。

39 鲜蛋质量的鉴别

优质的鲜蛋外表干净没有斑点，对光时晶莹透明，有清晰的蛋黄阴影；而不新鲜的蛋外表呈灰白色并带有斑点，对光不透明。

40 鉴别松花蛋质量

对光会发现优质的松花蛋透光面积小，气室较小，蛋黄完整，蛋白颜色暗红；质量差的蛋透光面积大，气室大，蛋黄不完整，蛋白呈豆绿色或瓦灰色、米白色。

把松花蛋反复抛起，然后接住，感觉沉并有弹力的是质量好的蛋；反之，则是次劣的蛋。质量好的蛋摇晃时不会发出声响，质量差的蛋则有拍水声。

品质好的蛋剥壳很容易，蛋形完整，有韧性和光泽，入口滋味浓香、鲜美、爽口；质量差的蛋糟头、粘壳，蛋形不完整，颜色发黄，没光泽。

41 鉴别有毒害蔬菜

有害物质超标的蔬菜有以下特点：

（1）化肥过量的青菜颜色呈黑绿。

（2）施过尿素的绿豆芽，光溜溜的不长须根。

（3）用过激素的西红柿，其顶部凸起，看起来像桃子。

有的人认为带有虫眼的菜没有施过农药，其实不然，有的虫子对药有很强的抵抗力，或者是生虫后才用的农药。目前有害物质在植物体内积存量的平均值由大到小排列顺序为：根菜类、藕芋类、绿叶菜类、白菜类、豆类、瓜类、茄果类。

42 鉴别黄瓜质量

新鲜的黄瓜顶花带刺、体挂白霜，嫩黄瓜鲜青绿、有棱角；老瓜体色发黄，存放时间长的黄瓜则身体萎蔫。

有的黄瓜发苦，可能是品种的原因；但也可能是栽培不好，生长环境恶劣，施肥过度，或者有病变发生。苦黄瓜在外观上看不出来，一般是一些发黄、较嫩的黄瓜。建议品尝后再购买。

43 选购苦瓜

购买苦瓜时，宜选瓜体嫩绿、果肉晶莹肥厚、褶皱深、掐上去有水分、末端有黄色的。有的苦瓜过分成熟，稍煮即烂，失去了苦瓜的风味，这样的苦瓜质量不好，最好不要选购。

44 挑选冬瓜

凡是质地细嫩、体大，皮老坚挺、无瘢痕畸形、有全白霜、肉厚的均为质量好的冬瓜。

45 挑选南瓜

凡不伤不烂、个大肉厚、果梗坚硬、无黑点，呈五角形，表面有纵深的沟，均是质量好的南瓜。

46 选购丝瓜的窍门

丝瓜的种类很多，胖丝瓜和线丝瓜是常见的两种。

胖丝瓜短而粗，购买时应该挑选两端大小一致，皮色新鲜，外皮有细皱并覆盖着一层白绒，没有损伤的。

线丝瓜细而长，购买时应该挑选皮色翠绿，水嫩饱满，表面无皱，两端大小一致，瓜形均匀挺直，没有损伤的。

47 选购茄子

在选购茄子时，应选外形周正均匀、没有损伤，个体饱满、肥硕鲜嫩的，以皮薄、籽少、肉厚、细嫩为佳。而那些质量差的茄子则可能会出现以下特点：外皮有裂口、锈皮，开始腐烂，皮肉质地坚韧，味道发苦。

48 鉴选茎根类蔬菜

茎根类蔬菜以不干缩、生脆、发根少、表皮光滑、水分充足的为佳。

49 选购豆类

质量好的豆类（绿豆、大豆、赤豆），颗粒均匀而饱满，质地坚硬，有色泽，颜色光亮，不破碎，少杂质。

50 鉴别酱菜质量

色泽：优质的酱菜鲜艳有光泽，整体颜色均匀。酸菜金黄色中微带绿色；不带叶绿素的菜为金黄色；青椒、蒜苗等酱菜保持原色。

气味：优质的酱菜清香诱人，酸咸适宜无苦味。

质地：优质的酱菜细嫩清脆，有弹性，不老不硬。

51 鉴选豆腐

优质豆腐洁白细嫩、内无水纹、没有杂质；劣质豆腐颜色微黄、内

有水纹和气泡、有细微的杂质。另外，把一枚针从优质豆腐正上方30厘米处放下，能轻易插入；劣质豆腐则不能或很难插入。

52 鉴选蘑菇

挑选优质蘑菇可以从以下3个方面来判断：

形：肉厚，茎粗而短，菇形完整，菌伞未开，坚实饱满，质地细嫩。

色：蘑菇的伞状物内侧黄色中带蓝白色。

味：清香味鲜。

53 鉴别毒蘑菇的方法

（1）毒蘑菇通常形态怪异，菌柄粗长或细长，或菌盖平整，肉质板硬，一般毒菇色泽比较鲜艳（如褐、红、绿等色），破损后易变色。

（2）把一撮白米放入煮蘑菇的锅中，如果白米颜色变黑，则是毒蘑菇。

（3）把撕开的蘑菇放入清水中浸泡10分钟，若清水呈牛奶状浑浊，说明是毒蘑菇。

（4）用毒蘑菇煮汤，煮沸半个小时后，汤的颜色将逐渐呈暗褐色。

（5）如果不肯定是否混进毒蘑菇，而汤的颜色又没有变，就用小勺取少许汤品尝，要是有酸、辣、涩、

麻、苦、腥等异味，一定是有毒蘑菇，这样的汤不可食用，应倒掉。

没有损伤和虫眼，味道酸甜可口，有一股芳香的气味。

54 鉴选黑木耳

野生的黑木耳生长于朽木上，形状好像人的耳朵，味道鲜美，营养丰富。优质的木耳朵大而薄，朵面呈黑褐色或者乌黑光润，朵背略呈灰色，质地干燥，分量小。

55 鉴别银耳质量

银耳有干、鲜之分。优质银耳表面洁白光亮，叶片充分展开，朵形完整，底部颜色为橙黄色或米黄色，鲜品应富有弹性。变质银耳表面有霉蚀，发黏，朵形不规则，色较正常深，底部为黑色。

56 选购香蕉

在选购香蕉的时候，要挑选没有棱角，饱满浑圆且有些芝麻点的，这样的香蕉最香甜。但是不要买皮焦黄柔软的，这样的香蕉易坏或已经腐败变质了。

57 鉴选苹果

优质苹果果皮光洁，颜色鲜艳，大小适中，肉质细密，软硬适中，

58 选购柑橘

选购柑橘时，应挑选果形端正、无畸形、果肉光洁明亮、果梗新鲜的果品。

59 鉴选桃子

质量好的桃子体大肉嫩，果色鲜亮，成熟桃子果皮多呈黄白色、向阳的部位微红，外皮没有损伤，没有虫害斑点，味道浓甜多汁。没有成熟的桃子手感坚硬；过熟的肉质下陷，已经腐败变质。

60 选购猕猴桃

在购买猕猴桃时，应挑选皮表光滑无毛，成色新鲜，呈黄褐色，个大无畸形，捏上去有弹性，果肉细腻，色青绿，果心较小的，这样的猕猴桃味甜汁多，清香可口。

61 鉴别梨的质量

看形状：果形饱满，大小适当，没有畸形和损伤。

品肉质：果核较小无畸形，入口不涩。

鉴皮色：梨皮细薄，没有破皮、虫眼和变色等。

62 鉴选菠萝

颜色：已成熟的菠萝外皮的颜色鲜黄；未熟的菠萝皮色青绿；过熟的菠萝皮色橙黄。

手感：成熟的菠萝果实饱满，质地软硬适中；未熟的菠萝手感坚硬；过熟的菠萝果体发软。

味道：成熟的菠萝味香，口感细嫩；未熟的菠萝酸涩无香味；过熟的菠萝果眼溢出果汁，果肉失去鲜味。

63 鉴选西瓜

质量好的熟西瓜瓜柄呈绿色，底面发黄，瓜体均匀，瓜蒂和脐部深陷、周围饱满，表面光滑、花纹清晰、纹路明显，指弹发出"嘭嘭"声（过熟的瓜听到"噗噗"声），能够漂浮在水中。

生瓜光泽暗淡、表面有茸毛、纹路和花斑不清晰，敲打发出"当当"声，放在水中后会下沉到水底。

畸形瓜生长不正常，头尖尾粗或者头大尾小。

64 鉴选鱿鱼干

质量好的鱿鱼干干净光洁，体形完整，颜色如干虾肉色，体表覆盖细微的白粉，干燥淡口；质量差的则背尾部颜色暗红，两侧有微红点，体形小而宽、部分蜷曲，肉比较薄。

65 鉴选鲍鱼干

优质的鲍鱼干体形完整、质地结实，干燥、淡口，颜色呈粉红或柿红；质量差的则体形基本完整，柿红色，背部略带黑色，干燥淡口。

66 鉴别牡蛎质量

光亮洁净、体形完整、跟干虾肉的颜色相似、表面有细微的白粉、淡口、干燥的为优质品；背部及尾部红中透暗、体形部分蜷曲、两侧有微红点、肉薄、体小而宽者为次品。

67 选购百合干

在选购百合干时应该选择颜色白，有光泽，片形肥厚，干燥，不带斑点，杂质较少或没有杂质的产品；而焦老色黄，片形又碎又瘦的质量不好。

68 鉴别笋干质量

色泽：上品表面光洁，呈奶白色、玉白色或淡棕黄；中品色泽暗黄；质量最差的呈酱褐色。

长度：上品在 30 厘米之内；质量差的长度超过 30 厘米。

肉质：上品短阔肉厚，纹路细致，笋节紧密；质量差的笋干纤维粗壮、笋节稀疏。

水分：上品水分小于 14%，一折即断，声音脆亮；质量差的折不断或折断时无脆声。

69 鉴别紫菜质量

紫菜的色泽紫红，含水量不超过 8%~9%，无泥沙杂质，有紫菜特有的清香者为质优；反之则质量比较差。

70 鉴选腐竹

优质的腐竹颜色浅黄，有光泽，外形整齐，蜂孔均匀，肉质细腻油润；一般品质的腐竹颜色灰黄，稍有光泽，外形整齐；品质差的腐竹颜色深黄，稍有光泽，外形断碎、弹性较差。另外，优质腐竹放入水中 10 分钟后，水变黄但不浑浊，弹性好，可撕成条状，没有硬结，且散发豆类清香。

71 鉴别红枣质量

色：优质红枣皮呈深红色，剖开后肉色淡黄；劣质红枣皮色深紫、肉色深黄。

形：优质红枣手感紧实，不脱皮，不粘连，枣皮皱纹少而浅细，无丝条相连，核细小；劣质红枣湿软而粘手，有丝条相连，核大。

味：优质红枣软糯香甜；劣质红枣口感粗糙，甜味不足或带酸涩味。

72 选购芝麻

芝麻以黑芝麻的品种最佳。在选购的时候，应选择饱满、个大，无杂质、香味正者。

三 房产

1 购期房需要注意的8个要点

（1）不要只看房屋地图，要对房屋进行实地考察，注意查看房屋的实际位置、住房面积。

（2）在起价和均价的问题上要弄明白。

（3）若外观图是电脑拟图时一定要识别是实景图还是效果图，例如有的户型图比例不当，但在感觉上就不如实际看房时感觉那样空旷。

（4）在看房地产广告时一定要明确地了解该企业或开发商是否值得信任，不要轻易购房。

（5）不要贪图小便宜，往往就是那些小便宜会让人吃大亏。

（6）假如开发商没有资质证号，则不要轻易相信开发商的口头承诺，因为政府是授予产权唯一的机构。

（7）应该按照自己的支付能力来选择支付方式，在这之前建议先向专家咨询一下。

（8）另外在合同中不要忘记查看广告中所承诺的如绿化、物业、保安、热水等条款。

2 选购二手房

（1）验看产权证的正本，注意产权证上的房主是否与卖房人是同一个人；同时要到房管部门查询此产权证的真实性；并确认是否允许转卖。

（2）要查售房者有没有抵押或留下债务等。除房价外，购房者应支付6%的产权转让税。

（3）要了解一下该住房是哪一年建的，还有多长时间的土地使用期限；是否发生过不好的事情，是否被抵押，或者发生过盗窃案。

（4）通过与市场上公房的比较来判断房屋的价值，也可委托信得过的中介机构或评估机构进行评估。

3 识样板房使诈

样板房是经过专门设计的。它的尺寸和结构可能与图纸上的大小不同，开发商可能会把开间放大一些，客户不懂其中奥妙，就会上当。

在一般住房中的厨房和卫生间是比较小的，样板房中可能会放大，客户的感觉和实际情况不同。售楼人员介绍时，往往忽略真实情况，夸夸其谈，使人上当受骗。因此在看房时应用尺量一量，认真比较，可带上内行人去看房，防止上当。

4 识卖房广告陷阱

（1）一般以语言定性不定量和醒目的图文制造视觉冲击力，来设计文字陷阱。

（2）一般用含糊的语言和没有比例的图示缩短实际距离，来设计陷阱。

（3）一般将楼盘中最次部分的价格作为起价，在广告上标明低价格，来吸引买主，造成价格错觉陷阱。

（4）利用买主对绿化面积不敏感的心理，虚报销售面积、绿化面积、配套设施以及不标明是建筑面积还是使用面积等来设计面积陷阱。

5 鉴选实木地板

实木地板完全由原木制成的，足感、弹性非常好，但价格高，稳定性差，若安装、保养不到位，易发生开裂。

6 选购大理石的技巧

在大理石背面滴上一小滴墨水，若墨水很快四处分散浸出，则表示石材内部颗粒较松或存在细微裂隙，石材质量不好；反之，若墨水滴在原处不动，则说明石材致密质地好。

7 根据规格鉴选瓷砖

好的新产品规格偏差小，铺贴后砖缝平直，装饰效果良好；差的产品则规格偏差大，产品之间尺寸大小不一。

8 识别涂料 VOC

涂料 VOC 是挥发性有机物，是衡量产品环保性指标的一个方面。在市场中是商家炒作的热点，它的含量高低于产品的质量并不成反比。就现在来说大众价格的涂料 VOC 越低其产品的耐擦性能越差，漆膜的掉粉趋势也越严重。

9 鉴选 PVC 类壁纸

PVC 墙纸具有花色品种丰富、耐擦洗、防霉变、抗老化、不易褪色等优点，特别是低发泡的 PVC 墙纸，因其工艺上的特点，能够产生布纹、木纹、浮雕等多种不同的装饰效果，价格适中，在市场上较受青睐。

⑩ 识别新型壁纸

超强吸音型：新型壁纸除了具有花样多、款式全的特点外，而且还具有实用功能。其超强吸音效果在同类产品中十分突出，特别适用于音乐发烧友的家居装饰。这种壁纸一般为白色立体花纹，铺装后您可根据个人爱好在上面涂上彩色涂料。

超凡不羁型：这种壁纸有多种仿石、仿麻效果。如果不用手触摸，很难分辨真假，特别适合个性装修和背景装饰。

⑪ 选择装修公司

首先，要信誉好。信誉好的装修公司有专门人员对质量进行把关，因此质量上相对有保障。

其次，不要选择"马路游击队"。游击队人员没有经过正规培训，操作不规范，极易造成安全隐患。

再次，多关注电视、报刊的家装专栏、家装版面。一般有实力在媒体上连续做广告的装修公司，往往是重信誉的。

最后，实地考察装修施工单位状况，是否具有规范化的管理，是否有训练有素的设计、施工队伍，是否有工商注册执照以及建筑装修方面的资质证书。

⑫ 房屋验收的技巧

（1）房屋建筑质量：因为房屋的竣工验收不再由质检站担任，而是由设计、监理、建设单位和施工单位四方合验，在工程竣工后15日内到市、区两级建委办理竣工备案。因此，住户自己要对房屋进行质量检查，如墙板、地面有无裂缝等，检查门窗开关是否平滑、有无过大的缝隙。

（2）装饰材料标准：在购房合同里，买卖双方应对房屋交付使用时的装饰、装修标准有详细的约定，其中包括：内外墙、顶面、地面使用材料、门窗用料；厨房和卫生间，使用设施的标准和品牌；电梯的品牌和升降的舒适程度等。

（3）水、电、气管线供应情况：检查这方面情况时，首先要看这些管线是否安装到位，室内电源、天线、电话线、闭路线、宽带接口是否安装齐全；其次要检查上下水是否通畅，各种电力线是否具备实际使用的条件。

（4）房屋面积的核定：任何商品房在交付使用时，必须经有资质的专业测量单位对每一套房屋面积进行核定，得出实测面积。因此，自己验收时，只要将这个实测面积与合同中约定的面积进行核对，即可得知面积有无误差。误差较大的，可立即向开发商提出并协商解决。

13 一次性付款购房选择

在合同约定时间内，一次性付清房价款，可以从销售方那里得到2%~5%左右的房价款优惠。但是这种付款方式也有缺点，一般的购房者很难一下筹集很多现款。如果向亲朋好友也无法筹集，就要从银行取存款，则往往会造成利息上的损失。若开发商没有按期交房，甚至工程烂尾，就有可能损失更多的利息或全部。因此选择付款方式时，一定要慎重选择。

14 分期付款购房选择

购房人根据买卖合同的约定，买房人在一定的期限内分数次支付全部房价款的方式就是分期付款购房。在购买期房时采用这种方式的较多，购房人交付首期款时与开发商签订正式的房屋买卖契约，房屋交付使用时，交齐全部房款，办理产权过户。

分期付款的利息是付款时间越长，利率越高，房款额加在一起会高于一次性付款的金额。但是，将通货膨胀和个人收入增长率及支付能力综合起来比较，分期付款还是合算一些。分期付款一般是买卖双方在合同中约定，根据项目开发的进度，分阶段交付房款，在房屋交付使用时，只留一小部分尾款最后付清。这样做的好处是，购买方可以用房款督促、制约开发商按约定的时间开发建设项目，同时也可缓解一次性付款的压力。

15 识别二手房质量

打开水龙头观察水的质量、水压，确认房子的供电容量，避免出现夏天开不了空调的现象；打开电视看一看图像是否清楚，观察户内外电线是否有老化的现象；观察小区绿化工作如何，物业管理公司提供哪些服务及各项收费标准。

16 选购房型

（1）选择房屋要方正，尽量减少死角面积和过道面积。这样有利于家具的摆放和人在居室内的活动，给人以稳重、宽敞、明亮的感觉。

（2）房门开向要合理。室内房门开设的方向和位置，要考虑到不要影响实用空间面积、居室私密和空间阻断等因素。

(3)不同空间要有相对合理的面积。卧室以 13~15 平方米为宜，厨房以 6 平方米左右为宜，客厅的面积要尽可能大一些，卫生间最好是将盥洗和如厕分开。

17 看售楼书的技巧

为了推销房屋，开发商为自己精心制作了一种印有房屋图形以及文字说明的广告性宣传材料，这样的材料就是售楼书。售楼书分为外观图、小区整体布局图、地理位置图、楼宇简介、房屋平面图、房屋主体结构、出售价格以及附加条件（如代办按揭）、配套设施、物业管理等几个方面。有了售楼书购房者便可以有针对性地对房屋进行初步认识。例如购房者通过看外观图、小区整体布局图，可以初步判断楼宇是单体建筑还是成片小区，或是高档、中档还是低档，用途是居住、办公还是商住两用。并且购房者通过看地理位置图便对楼宇的具体位置有了初步了解，同时对房屋的价格也有了一个大概的概念。同时购房者也要看清楚楼房的地理位置图是否是按照比例绘制的，如果不按比例，这样的地理位置图将就会导致购房者对地点的选择形成误导。有了房屋平面图，就有利于购房者选择设计合理、适合自己居住或办公的房型。

18 购房要看五证

购房时要看开发商的"五证"是否齐全，所谓五证即：承建的该物业是否有计委立项、可行性研究的批件；规划局的规划许可证；国土局的土地使用证；建委的开工建设许可证；房管局的商品房预售许可证。

19 审查房产商有效证件的技巧

（1）审查房产开发商的五证：即商品房预售（销售）许可证、建设用地规划许可证、国有土地使用证、建设工程规划许可证、建筑工程施工许可证。

（2）审查开发商的营业执照是否已经年检，开发商的资质证书。

（3）审查以上证件的时候一定要原件，特别是国有土地使用证，以防将土地使用权转让前预留复印件等欺瞒做法。

四　电器

① 鉴别电冰箱质量优劣

(1) 看外形，要仔细看一下电冰箱的造型色彩，看看外层的漆膜是否有光泽不均匀或剥落的现象。

(2) 将电源接通后，把温度调至第二挡。然后让自动控制器多次进行自开、自停的操作，以检查它的温控装置是否有效。

(3) 检查压缩机噪音大小及是否正常运转。

(4) 检查一下蒸发器四壁的霜水是否均匀，散热是否一样；最后检查箱门是否使用灵活或开关密实。

② 选购空调的技巧

首先，要注意空调外壳的用料。购买时要注意室外机机壳的重量以及尺寸比例，最简单的方法就是遇到自己所中意的产品型号的"样机"时，顺手掂量一下机壳的重量。同样尺寸的室外机壳，往往质地重的会更好一些。

其次，要注意空调用的是什么压缩机。要特别注意写在压缩机上的效率、耗电量等数据。同时要特别注意压缩机的噪音问题，最好当压缩机处于无声环境下运行时了解一下它的噪音到底有多大。

第三，要注意翅片的间距和换热器的组数。在没有卡尺的情况下，可以用一组翅片的总个数除以翅片组的总宽度，最终得到的数值越高，在同等翅片面积的情况下，总换气面积也就越大，制冷效果越好。另外，可以找个喷壶冲着翅片组均匀地喷上一阵，看看表面残留水的情况，残留水越少制冷效果相对也越好。

最后，还要考虑空调的整体能耗问题。可以找一个密闭的测试空间，分别测试在各个可能的工作温度时运转的电流是多少。用电流乘以电压，就是一个能耗的粗略算法，也是最能体现耗电情况的算法。

③ 选购电脑避误区

(1) 不要图便宜，选购假冒、劣质商品。

(2) 评测结果可能很多，其评测结果只可作为参考，关键还是要货比三家。

(3) 不要被热情的服务所蒙蔽，

一定要冷静下来审外观、查产地、看品牌、问性能，全面评估再决定取舍。

（4）一定要查明销售者与维修者是否为一体，他们的承诺是否可以兑现。

④ 选购笔记本电脑

（1）在选购超薄笔记本电脑之前，最好先了解一下笔记本电脑存储器的知识。

（2）衡量一台笔记本电脑优劣的一个直观的标准是它的CPU运行速度。

（3）电池容量及使用寿命也是衡量笔记本电脑好坏的重要指标之一。通常超薄笔记本电脑以锂电池、镍氢电池或碱性电池作为主电池。

（4）选购的笔记本电脑最好能内置Modem和配置红外线接口，这样可大大突出其本身的便携性。

（5）对于电脑操作不太熟悉的消费者来说，最好去选购一个具有良好售后服务的品牌笔记本电脑，以便确保售后服务和技术支持。

⑤ 选购洗衣机的技巧

（1）要挑选一些牌子老、质量好、信誉高的产品。因为国家有关部门一般会对这些品牌的产品进行技术

监测，因而这些品牌产品的安全性能良好、洗净比、脱水率、磨损率、噪声等都符合国家有关标准。

（2）购买时，先打开包装，观察洗衣机外壳表面是否有划伤或擦伤，操作面板是否平整，塑料件有无翘曲变形、裂纹等；旋钮、开关等安装是否到位，脱水盖板翻转是否灵活；洗衣桶、脱水桶内有无零件脱落。

（3）然后简单地测试基本性能，转动洗衣旋钮，看看是否存在卡住现象，停止转动后看最终是否能恢复到零位；然后再接上电源，开启洗衣旋钮，检测运转是否正常，有无异声；再打开脱水旋钮，看脱水的运转是否平稳，查看声音、振动有无异常现象；最后再掀起脱水盖板，查看刹车是否迅速、平稳；等脱水结束，再查看有无蜂鸣声。

（4）最后检查排水管、电源线是否完好，安装是否牢固，并查看所配的附件是否齐全。

⑥ 微波炉质量鉴别

（1）紧闭微波炉灶门，如果灶门超过正常闭锁位置2毫米以上就属不合格。

（2）质量好的微波炉，其门框或门架应结构完好，没有断裂、变

25

形或电弧造成的损坏；灶门封条应完整无损，没有破裂现象；外壳应平整光洁，没有通向灶腔或波导的裂痕。

7 选购电烤炉的技巧

（1）选购前和选购电烤炉后应注意查看标牌和使用说明书，了解各产品的额定功率、额定电压、商标、生产厂家、生产许可证编号等标志是否齐全；是否详尽说明了使用、安装、维护保养等问题；产品型号与说明书是否一致，印刷是否正规。一定要购买正规产品，不要购买没有生产许可证的不合格品。

（2）检查箱内结构和产品的外观。电烤炉的面板应折弯工整、平挺、焊缝应该一致；炉门合页应该牢固，闭合应该严密。特别应该注意的是带电部件和隔热保温的材料不要外露。在结构中使用石棉或在炉内壁喷漆的均为劣质产品。

（3）查看控温开关、温仪表、插头、电热管、电源软缆等元件外观是否完整。如果缺少电器专业知识，可通过了解各元件生产的厂家是否为正规企业，产品是否经过合格或安全认证等了解产品质量。

（4）在允许的情况下，通电试运行，质量好的电烤炉升温快，控温准确，外表面升温低，烘烤出的

食品色泽均匀一致。

8 选购电磁炉要看5点

电磁炉是具有时代前卫气息的绿色炊具，选购时可参考以下5"看"技巧：

（1）看是否具备功率输出的稳定性。优质的电磁炉应具备输出功率的自动调整功能，这一功能可改善电磁炉的电源适应性和负载适应性。

（2）看可靠性与有效寿命。电磁炉的可靠性指标一般用MTBF（平均无故障工作时间）表示，单位为"小时"。优质产品的MTBF应在1万小时以上。

（3）看电磁兼容物性。电磁炉的电磁兼容物性牵扯到对电视机、录像机、收音机的等家电的干扰和对人体的危害。对于有这一指标不合格的电磁炉，不应购买。

（4）看晶体管品质优劣。电磁炉质量好坏，直接取决于高频大功率晶体管和陶瓷微晶玻璃面板的质量优劣。一般，具有高速、高电压、大电流的单只大功率晶体管的电磁炉，质量好、性能优、可靠性高、不易损坏。

（5）看面板。应选购正宗的陶瓷制品玻璃面板的电磁炉，即面板为乳白色、不透明、印花图案手摸

明显的电磁炉。采用耐热塑料或钢质玻璃做面板的电磁炉，容易发生烧坏和遇冷水引起爆裂等情况。

9 电饭锅的选购

(1) 质量好的电饭锅，其外观设计应该流畅、优美、色彩典雅。因为，看重质量的厂家不单只追求产品内在的质量，同时，也讲究产品外观的设计。

(2) 应选择那些有水滴收集器的电饭锅，这样能确保水不滴到米饭上。

(3) 最好能选择一款豪华自动型电饭锅，它适合不同的米质，无论是普通米、糯米都能做出同样松软、可口的米饭。

(4) 在选购的时候，要注意电饭锅密封的微压结构。密封微压性能好的电饭锅所做出来的米饭也很好吃，同时保温、节电效果显著。

(5) 电饭锅内胆的表面，很多都采用了特殊耐用的材料喷涂，目前，常见的内胆涂料的颜色有黑色、灰色等。

(6) 除了要注意上面的质量细节外，还要了解清楚产品的说明书、保修卡、合格证是否齐全。

10 选购电火锅的技巧

(1) 型号性能。按其性能的不同，电火锅可分为拆卸式和整体式两类，整体式结构紧凑，热效率比较高，适合家庭用。

(2) 锅体材料。以选用紫砂、瓷、镀锡、不锈钢及具有无毒涂层的铝材等为原料所制成的锅体为好。如果是用那些表面没有涂层的铝、铜或钢所制成的锅体，则比较差。

(3) 控温情况。选用带有自动恒温控制装置的电火锅比较理想，便于掌握温度、火候。

(4) 外观检查。外观应平整而光洁、涂层牢固而不脱落、无伤痕；锅体光滑，没有凹凸不平的地方；锅体与锅盖要吻合；控制钮和开关灵活、方便，锅体及其他金属部件都没有漏电现象。

11 辨仿冒名牌家用电器

仿冒名牌产品的家用电器一般有以下特征：

(1) 使用说明书合格证以及线路图不齐全，图文印刷的质量差。

(2) 机身大部分没有编号，且没有注明生产厂名、厂址。

(3) 产品的外观制作比较粗糙，指标不合格，功能不完善。

12 选购按摩器的技巧

在选购的时候，要当场试验，检查它的开关是否好用，看它的振动性是否符合质量的标准，其噪音不能过大，否则会刺激到神经。

按摩器的外壳有金属、塑料两种，金属壳比较耐用，但要注意检查它是否漏电，塑料外壳的比较轻巧、安全，但是不如金属壳耐用。

因按摩器是直接与人体接触的，因此，不能有一点漏电现象，特别是那种交流电型的按摩器，最好先试用一下，检查好它们的配件，再看看是否能方便地安装，能否有效地使用。

13 日光灯管质量鉴定窍门

（1）看灯管两端。质量好的日光灯管两端不会有黄圈、黄块、黑圈、黑块、黑斑等现象。

（2）看灯头和灯脚。质量好的日光灯管的灯头、灯脚不应松动，且四只灯脚应平行对称。

（3）通电测试。把日光灯管两端的电压调至 180 伏左右，质量好的日光灯管应能很快点亮，再调至 250 伏左右后，好灯管还能一直亮着，且灯管两端应无上述"二黄三黑"现象。

14 选购吸尘器的技巧

（1）选用吸尘器要根据居住面积确定功率，一般家庭以 500~700 瓦为宜，容量有 2~3 升即可。

（2）有自动收卷电源线装置的吸尘器便于使用完毕后及时收好电线。

（3）通电后，吸尘器不应有明显的震动和噪音，用手挡住进风处应能感觉到较大的吸力，各密封部位不应有漏气现象。

（4）检查各附件是否齐全，重心低的较稳重，下部有活动脚轮的更好。

15 选择电热水器的技巧

（1）选安全。目前，电热水器一般都安装了漏电保护器，但是，它对于供电环境所引入的水带电的问题起不到作用，所以，虽然解决了产品本身安全的问题，但却不等于解决了洗浴安全的问题。因此，应选择带有"防电墙"的热水器。

（2）选款式。圆罐形的设计，其受力最均匀且最能承受高压，而方形或者其他的形状，其受力不均匀，且不能耐高压，因此，如果想使电热水器的耐压性能达到最强，最好能选用圆形的设计。

16 选购抽油烟机的技巧

（1）要以实用为主，不要贪便宜购买那种又大又重的抽油烟机。

（2）液晶显示的抽油烟机既浪费金钱又容易损坏，不要轻易购买。

（3）最好选购有不易损坏、维修率低且可替代性高的传统机械式开关的抽油烟机。

（4）一般来讲功率参数越大的就越好。

（5）带有集烟罩的抽油烟机比较好，因为它的排风量大。

（6）不要选择具有自动清洗功能的抽油烟机，因为那只是厂家给产品加价的策略。

（7）要保证排风口的口径与出风口成正比。

17 家用摄像机使用和保养

（1）使用家用摄像机时，不要将镜头长期对准光源，避免镜头长时间固定地摄取同一景物，特别是景物明暗对比度较大时，更应注意。

（2）家用摄像机与其他电视设备进行连接前，必须首先切断所有电源。

（3）家用摄像机使用结束后，应关闭光圈，将镜头盖盖上，同时将电源开关关闭，拔掉电源插头或取出电池。

（4）摄像机在调整和使用时应避开磁场，以免图像抖动和失真。

（5）避免在湿度较大、粉尘较多或充斥有腐蚀性气体的场所使用摄像机。

（6）不要用手摸镜头表面，若表面有灰尘，可以用软毛刷将其轻轻刷去，也可以用干净的软面蘸镜头清洁剂来擦拭。

（7）使用摄像机时，经常注意电池临界放电指示。当电池电压下降到某一临界值时，依据摄像机录像器中的警告指示，及时更换电池。忌不更换电池继续使用，导致因放电过度而造成的电池损坏。电池从摄像机中取出后，应立即充电，否则易造成电池损坏。

18 调节电冰箱温度

在使用电冰箱的时候，一般要从小数字开始高温，当箱温稳定后，才能进行第二次高温，一般调到中间便可，不需要冷冻食品的时候，可调到"弱冷"，这样可以省电。

由于直冷式冰箱里只有1个温控器，冷藏室的温度随冷冻式温度变化而变化。当使用"强冷"时，使用的时间绝对不能超过5小时，这样，能避免冷藏室里的食物冻结。

无霜式冰箱里有2个温控器，

在使用的时候，可将旋钮互相配合，这样，既保证了冷藏室里的温度不会高于0℃，又能使冷冻室里的温度达到所需。若想快速冷冻，只要把旋钮调至"强冷"处即可，当速冻后，再拧回原处即可。

19 应对冰箱断电的技巧

电冰箱如突然断电，若想使电冰箱里的食物不容易化冻，可放一铜块在电冰箱的速冻室里，最好不要少于250克，这样，冰箱里的温度就可以在6~8小时内不上升。当然，也要注意卫生，在用的时候，可用无毒的聚乙烯薄膜将铜块包好后，再放进冰箱。

20 处理电冰箱漏电的技巧

若断电器插孔和接线端有了水迹，可先用干抹布将水迹擦拭干净，然后再用电吹风将其小心吹干，装配试机，即可恢复正常。

21 冬季电冰箱温控器技巧

当天气转凉后，很多家庭会将电冰箱内的温控器调到最低挡，以为这样可以省电。其实，当把它调到最低挡后，温控器里的弹簧会拉紧，冷藏室里的温度会稍稍地增高，

压缩机即会启动运转，且运行的时间缩短，启动的次数也就相应增加。压缩机每天的运行时间会稍稍缩短，但由于启动的电流大，一般是正常电流的6~8倍，因此，启动次数的增加而会使耗电量也有所增加，所以，在温度有所下降的天气里，仍然以中等温度比较合算，不宜调得过低。

22 电冰箱除霜技巧

先把温控器旋钮旋至"最冷"挡，让其运行约20分钟，使电冰箱里面的食品具有比较低的温度，然后将电源插头拔去，把箱里面的食品尽可能放在一起。将电冰箱门打开，放一碗温水在蒸发器上，关上箱门，几分钟后再换水，重复几次，直至冰块大面积脱落，然后，再用木铲将剩余的冰霜轻轻铲去，最后，用干净的毛巾将四周擦干净。有些电冰箱可以使用电吹风把蒸发器或冷冻室四壁吹热风，以使化霜时间缩短。

23 日常电脑保养

（1）防磁场：较强的外部磁场会影响电脑的主机或显示器的正常工作。如磁铁、手机等产生强磁场的物品。如果长期受其影响，显示

器的颜色会失真。

（2）防高温：在温度过高的环境下工作，会加速其电脑部件的老化和损坏。一般在 15℃ ~30℃ 为宜。

（3）防水：避免在电脑工作台上放置水杯或饮料等，以免意外溢水，造成键盘内部短路等。

（4）防尘：灰尘可对电脑本身增加接触点的阻抗，影响散热或电路板短路，而使电脑过早老化。因此，日常要保持电脑的清洁。

24 家用电脑节电

要尽量使用硬盘。一方面，硬盘速度快，不容易被磨损；另一方面，开机后硬盘即会保持高速旋转，就算不用，也一样耗能。因此，要根据具体的工作情况来调整运行速度。比较新型的电脑都具有节电功能，当电脑在等待时间里，若没有接到鼠标或键盘的输入信号，即会进入"休眠"状态，使机器的运行速度自动降低，并降低能耗。在用电脑听音乐时，可把显示器的亮度调到最暗或者干脆关闭。

25 清洁笔记本电脑的技巧

在清洁笔记本电脑时，要先关机，然后用干净的软面巾蘸些碱性清洁液轻轻擦拭，再用一块柔软的干布将其擦干即可，也可以用擦眼镜的布或者其他东西对其进行擦拭。建议不要用那些含有氨物质，或使用粗糙的东西来擦拭。

26 清洁电脑鼠标、键盘的技巧

当键盘不好用时，将键盘拆开看看，这时，会发现有很多脏东西在里面，清理掉这些脏物，键盘就会跟新买时一样好用了。

在清洁的时候，可先用无水乙醇把所有的面板、键帽和底板擦一遍，然后再用专用的清洗剂对其进行擦拭，直到干净为止。

最好配置一个专用的鼠标垫给鼠标，这样，既使鼠标使用的灵敏度加强了，又保证了鼠标的滚动轴及滚动轮的清洁。

27 安全使用洗衣机的技巧

（1）电源：洗衣机应使用三孔插座，接地线绝不能安装在煤气管道上。

（2）远离幼儿：使用时不要让幼儿接近。

（3）放置地点：不要把洗衣机放在卫生间以防生锈、腐蚀、损伤绝缘部分，而导致漏电、触电。

（4）勿触摸：高速旋转时，波轮、脱水筒等严禁用手接触，以防发生意外事故，特别是在脱水过程中，即使转速减缓，仍会被衣物缠绕造成重伤。

（5）沾有汽油衣物的清洗：用汽油洗擦衣物上的油脂性污垢后，不能放入脱水机里脱水，以免引起爆炸。

28 安全使用空调的方法

（1）安装方位要恰当。安装空调的最佳方向是北面，其次是东面。空调不要安装在房门的上方，因为开门时会加速热空气的流入。空调可对着门安装，这样室内的空气压力可抵抗室外热空气流入。空调安装的高度、方向、位置必须有利于空气循环和散热，同时也要注意与窗帘等可燃物保持一定的距离。

（2）电源接触要紧密。突然停电时应将电源插头拔下，通电后稍待几分钟后再接通电源。空调必须使用专门的电源插座和线路，不能与照明或其他家用电器合用电源线，同时要将空调的插头与电器元件接触紧密。

（3）日常要装保护器。空调要安装一次性熔断保护器，防止电容器击穿后引起温度上升而造成火灾。

（4）日常要定时保养。空调应定时保养，定时清洗冷凝器、蒸发器、过滤网、换热器，擦除灰尘，

防止散热器堵塞，避免火灾隐患。

29 识别空调假故障

要认真分析空调在使用中出现的故障，以下几种情况可以针对性地调整使用方法而不必请维修人员。

（1）停电。电网停电，电源开关跳闸，定时器还未进入开机状态。此时，电源不通，空调当然不能运行。

（2）环境温度不适宜。环境温度过高或过低造成空调不能运行。夏天制冷时，外部环境温度超过43℃，冷凝压力剧增，引起压缩机超载，或不能运行，或保护器过载，使空调不能运行。

（3）遥控器电池耗尽或接反。

（4）温度设定不当。温度设定不当或温度设定过高，也会造成空调不运行。

30 微波炉使用的技巧

（1）微波炉具有解冻功能，这是非常方便和快捷的，使用方法也有小窍门。可以将一个小盘子反转放在一个大且深的盘子上面，再把食物放在小盘子上，然后将大小盘子一起放入微波炉中进行解冻。在微波炉加热解冻过程中，融化的水分就不会弄熟食物。而在解冻的同时每相距5分钟就把食物拿出来翻

转并搅动 14~15 次，以求得以均匀解冻食物。

（2）小块的肉类食品必须要平放在微波炉的玻璃碟上，比如鸡翅、较薄的牛肉等食物可均匀且快速解冻。

（3）注意要将有皮的食品划开再加热烹饪。比如鱼，在加热之前须在鱼肚划 2~3 个小口，以防鱼在蒸煮过程中因为大量的水蒸气蒸发而爆裂；而像苹果、土豆、香肠等食品都要在加热前事先在上面扎个小孔，来让食品里面的水蒸气能够得以挥发；而有壳的食品，比如说鸡蛋，是最忌讳连壳整个加热烹饪的，因为那样会造成鸡蛋爆裂。

（4）生活中最常遇到的问题是食物很快就变硬变干，没有水分了，为保持食物水分和新鲜，可以用微波炉保鲜膜将食物包上或者用盖子将食物盖严不透空气。

五　交通

1　鉴别新车质量的技巧

（1）座位：若座位不舒服，会引起疲劳或者精神涣散，应检查一下座位能不能调整，看它有没有足够的支撑力，检查一下后座椅腿部。

（2）操纵：离合器、方向盘、变速箱及制动操作要轻便，方向盘要能感知地面的情况，且不会有强烈的震荡。

（3）引擎盖：将引擎盖掀开，应该能够很容易触摸到箱内的各个部件，便于日常的保养和检修。

（4）悬挂系统：在高速路上行车的时候，贴地面不要太紧，悬挂系统不能太软，否则转弯的时候容易发生摇摆。

（5）开关：在试车的时候，将安全带扣好后，所有的开关都能被轻易地触及和调节。

（6）行李箱：检查一下行李箱的大小，然后看一下是否很容易拿取备用的轮胎。

（7）通风设备：闷热的车厢容易使人疲劳，太冷让人感觉也很不舒服，所以，暖气通风系统要能保持车内空气清新、暖和，且车窗没有水汽凝聚。

（8）噪音：噪音一般来源于引擎、道路、风，这些噪音会使人疲劳，所以在试车的时候要留心倾听。

2　识别不能交易的车

来源不明、手续不全、走私车或者在流通的环节违反国家法规、政策的；没有产品合格证，或产品合格证跟产品不相符的；港澳台同胞、华侨等所捐赠而免税进口的，这些都是禁止交易的车，在购买的时候要特别小心，以免买后引来不必要的麻烦。

3　挑车 8 项注意

（1）要注意车身、玻璃、油漆、锁、车门是不是完好，不要有损坏迹象。

（2）要注意反光镜支架和反光镜的油漆是否完好。

（3）要注意螺帽、轮胎有没有松懈，轮胎里有没有足够的气。

（4）要注意检查雨刷杆、雨刷器及割片是不是有效，且不能有老化现象。

（5）要注意油箱盖及滤网是不

是完好。

(6) 要注意座位、车厢是不是完好。

(7) 要注意各种灯光，包括方向灯、大小灯、眼灯、后灯是不是完好，能否正常工作。

(8) 要注意车的发动机，没有杂音才是正常的，当车子发动以后，要注意仪表板上各个表的显示是否正常，电瓶、喇叭是否正常，手刹车、离合器、刹车是否有效等，这些都是不能忽视的，对安全特别重要。

4 二手汽车交易的技巧

进行二手车交易时，首先要盘算好它的价格，还应搞清规定的燃料税、牌照税、保险费、过户费应交给谁的问题。另外在购买旧车时还要验证原始牌照登记书以及发动机和车身号码，通过这些可以了解这辆车转手的次数、曾经的用途，同时也可发现里程表是否被动过手脚、是否出过车祸等。

5 汽车节油法

(1) 新车磨合。一般新车在最初的 3 000 千米的行驶里程内，都属于磨合期，在磨合的时候，其时速应该尽量控制在 80 千米以下，

在开车的时候，尽量减少急减速、急加速。

(2) 定期保养可以节油，车况比较好的汽车，能省 15% ~20%的汽油。因此，一定要注意车辆定期的保养。

(3) 在车辆每行驶 5 000 千米之后，要更换汽油滤清器、空气滤清器、机油滤清器。因为，若空气滤清器被堵塞，会使进气量减少，从而会导致汽油燃烧得不充分，使燃油的效率降低，还会使发动机做出些异常反应。因此，当车每行驶 5 000 千米，就要更换"三滤"。

(4) 要适量地添加机油。在加机油的时候，不要超过机油标尺所标示的刻度，若加机油太多，会使阻力增加，而太少则不能起到封闭和润滑的作用，有时可能还会影响发动机的效率。

(5) 定期检查轮胎磨损程度和胎压，若胎压偏低，会造成油耗增加。若发现车有"跑偏"现象，或轮胎磨偏等异常情况，要尽快去专业的修理厂咨询维修。

(6) 不能装饰过度。例如加防雨罩、装扰流板等物品，会破坏原车设计，而增加油耗。

(7) 不要在后备厢里放置过多的东西，这样会增加油耗，也会增加无谓负载。据相关调查，每增加10 千克的负载就会增加1%的油耗。

(8) 不要轻易开窗。有些人为了节油，采取将空调关闭而将车窗打开通风的办法，这是非常不可取的。因为，当车速超过 85 千米／小时时，开窗后的风阻所消耗的燃油比空调系统所消耗的要多，它会使燃油的经济指数下降约 10%。

(9) 节油的基础是养成良好的习惯。强行超车、频繁更换车道、见空就钻等习惯都是油耗的杀手。所以一定要将这些习惯改掉。每做一次急加速所消耗的油可达 12 毫升左右。因此，应该选择最佳的时机换挡。

六 通讯

1 选购手机

一般在选购手机时，价格、性能、品牌、服务等多方面都应当作为综合考虑的因素。

（1）首先，是要了解手机商标上所标注的机型和出售价格是否与实际情况相符，所带有的附件配置是否齐全。

（2）其次，是查看销售商所提供的手机条形码是否完善，条形码上的数据跟包装盒上面的条形码数据是否完全一致。

（3）再其次，是要问清楚销售商所提供的保修时间有多长（一般免费保修期均为1年），其所指定的保修点是否具有维修保障的能力，以及是否有其生产厂家的授权。因为只有得到了授权的维修点，才能够得到用来维修的正宗配件。

2 选购手机电池的技巧

选购手机电池时，要注意以下几点：

（1）要检查手机电池的类型和出厂日期。因为即使在不使用的条件下，化学密封的手机电池也会自然放电，因此，选购手机电池时首先应检查以上两点。

（2）要检查电池的包装标识是否符合国家的产品质量，其中有没有明确记载产地、生产厂址以及电池成分、电池标准、电池容量和其他重要标识等。

（3）检查外观和防伪标志。应该仔细检查电池外观的表面光洁度和厂家防伪标志的清晰度，以防买到假冒伪劣产品。

3 鉴别问题手机

在选购手机时千万不要购买存在以下问题的手机：

（1）手机包装盒里没有中文使用说明书的手机。

（2）手机的包装盒里没有厂家的"三包"凭证且不能执行国家有关手机"三包"所规定的手机。

（3）在保修条款里所规定的"最终解释权"、商品的使用功能发生变化后"恕不另行通知"的手机。

（4）无售后维护的手机。

（5）实物样品与宣传材料、使用说明书不一致的手机。

（6）拨打信息产业部市场整顿办

公室的电话查询"进网许可"跟手机上的"进网许可"不相同的手机。

(7)非正规的手机经销商所经销的手机。

(8)购买场所跟销售发票上的印章不一致的手机。

(9)包装盒内没有装箱单或者装箱单跟实物不一致的手机。

(10)物价不真实,俗称为"水货"的手机。

4 鉴别手机号被盗

当用户遇到以下几种情况时,应当注意个人手机是否被盗打:

(1)短期内话费激增。用户可以通过拨打通信公司服务电话或使用信息点播业务来查询自己的话费,并在通信公司的服务点打出通话记录清单,如果发现电话清单中有很多电话不是自己打的,就说明该手机被盗打。

(2)接听电话时存在如下问题:关闭手机后,没有手机提示。有来电时振铃时间特别短,甚至用户来不及接听振铃就不响了。这有可能是被盗打的人接听了用户的电话。经常通话不畅,常打不通。当设置手机的呼叫转移功能,将其转移到固定电话上后,话机上显示出的号码不熟悉或复机后对方找的人不是自己。

(3)突然增加灵敏度。这也是

手机可能被盗号的表现之一,如果遇到这种情况,用户应暂停使用。

如果用户发现手机被盗打,应立即到提供服务的当地的通信公司改变其串码业务,使盗打者的手机失效,以使自己的利益得到保护。

5 根据通话质量选电话机

质量较好的电话机,其音质应当清晰,不刺耳、不失真,且没有明显的"嗞嗞"、"沙沙"或"嗡嗡"声。在选购的时候,可接上电话线,将听筒拿起来,此时,若能听到清晰、音量比较适中的拨号声音,说明质量较好。同时,对于各种各样多功能的电话机,用户可以根据自己实际的情况和需求来选择其功能,不要盲目地追求功能齐全。

6 健康使用手机的方法

根据测定表明,目前市场上各种手机的微波场强为600~1100微瓦／平方厘米,大大超过了国家所规定的安全标准和最大允许值,即50微瓦／平方厘米。通过对国内人群的试验证实,长期使用超过了国家安全卫生标准的手机,同样会使人体的健康受到危害。从预防电磁辐射危害的角度出发,专家们提出了以下三点简单易行的个人防护建议。

（1）保持距离。人体头部接受电磁辐射的水平的高低，直接取决于头部与手机天线之间的距离。因此，在用手机通话时，应尽量把手机天线离开头部，这样可以降低头部电磁辐射的暴露水平。

（2）接通再打。在测量有些手机电磁辐射的时候发现，当手机拨号后，在接通的瞬间，仪器会显示突然出现一个电磁辐射的高峰，然后从峰值迅速降低，而通话时，其电磁辐射的水平一般都比较低。根据手机发射电磁辐射特点，使用手机的时候，应该加以防护，即：在拨号以后不要将手机马上放到耳部听电话，而是应先看显示屏上手机是否接通，当显示接通后，再将手机移到耳部进行通话。这样，手机接通的瞬间跟头部的距离就会相对远一些，从而，可以减少头部的电磁辐射暴露剂量。

（3）变换姿势。在用手机过程中，要经常将握持手机的姿势改变一下，例如把持手机的角度稍微变动一下，稍稍前后上下移动手机等。只要将握持手机的姿势做一下改变，在脑中的聚焦部位电磁辐射就会发生移位，这样，可以避免脑组织的某个区域因长时间暴露在高水平的电磁辐射之下，从而避免脑组织发生病变的可能性。

7 处理手机进水问题

若手机进水了，首先要先将电源关掉。然后为避免水腐蚀手机主机板应即时将电池取出，并尽快送去售后处进行维修。也可以用电吹风将手机内部的水分吹干（只可用暖风）来减缓机板中的水分，但要注意将温度调到最低档，否则会造成机身的变形。

8 使用电话机特殊键的方法

（1）"#"是重发键：如果遇到忙音，可将电话放下，若想再打的时候，只要按一下"#"键，就会自动拨发刚才所打的号码，可不断重复使用，直到接通。

（2）"*"是保密健：打电话的时候，跟身旁的人交谈的内容若不想让受话人听到，此时，只要轻轻地按住此健，即可暂时将线路切断，若要恢复通话，只需松手即可。

七 宠物

❶ 如何选购好的宠物猫

在选购的时候，应从猫的面孔、脚爪、眼神、毛色、叫声、坐姿等来判断，如果其目光如炬，看人时嘴撅须长，不愿意被生人抚摸，脚底的软肉饱满油润，行走的姿势缓慢而有力，坐着时尾巴围在身上，趴着时前腿首节内屈或者像虎伏，则是好猫。良种猫的毛色纯而且光亮，背部的毛色图案是左右对称的，好像猪耳环，或者没有花纹。

❷ 宠物狗的挑选

要挑选一条好的宠物狗，可以综合以下几点。

（1）血统：一般来说血统好的狗，才有可能成为理想的宠物狗。因此，选择幼犬时，一定要先了解其父母的背景，有血统证明书方可。虽然杂交的狗很可爱，不过血统不纯正，很难成为理想的好宠物。

（2）耳朵：耳道要保持干净、没有臭味。

（3）眼睛：眼睛清澈有神。眼边缘没有粉红色。

（4）口腔：牙齿呈剪状咬合，没有缺损；口腔的膜呈粉红色。

（5）头部：头的长度要跟全身相称。高抬头的狗优，反之，为劣。

（6）背部：背部的正中线要垂直，不可弯曲。

（7）尾巴：尾巴的形状既是犬种的标志之一，同时也是反映感情气质的标志之一。要根据不同犬种的情况认真挑选。

（8）被毛：被毛要光滑有光泽。幼犬的绒毛柔嫩。不同的犬种，被毛也不一样。

（9）前肢：如果从侧面观察狗的前肢，是笔直的，则是好狗。如果向外或者向内弯曲都不理想。后肢应该有弹性，关节呈弯曲状。

❸ 选择家庭饲养的宠物鸟

家庭饲养宠物鸟，一般都是来观赏它的艳丽羽毛，聆听它婉转的鸣叫，玩赏它灵巧的技艺。它们多属于羽毛华丽、小巧玲珑、逗人喜欢、鸣声悦耳的。家庭饲养它们时，可以根据个人喜好来选择相应品种。

（1）论鸣声，可以选择画眉、金丝雀等。

(2) 论羽色，可以选择黄鹂、红嘴相思鸟，及从国外引进的一些鸟类。

(3) 论能歌善舞、活泼跳跃，可以选择百灵、云雀、绣眼鸟等。

(4) 论技艺高超、善解人意，可选择金翅雀、黄雀、朱顶雀等。

(5) 论可供比赛、善于争斗，可选择鹦鹉等。

④ 驯鸟回笼的技巧

(1) 要选择刚刚会飞、羽毛未丰的雏鸟作为驯鸟的对象，成年鸟是很难驯服的。

(2) 让它处于半饥饿状态接受训练，这样就能使它回笼吃食物。

(3) 要训练鸟和人接近，整理它的羽毛，用手给它喂食，让它站在手上玩，让它感到人对它没有恶意。

(4) 为防止鸟飞失，要先在屋里放飞，等它能自动回笼了再到室外放飞，可在鸟腿上系一根细尼龙线，线要由短渐渐加长，训练一段时间后，再去掉系在腿上的细线。

(5) 由于多数鸟有忠于爱情的本性，如果要做放飞训练，可以只放飞雄鸟而把雌鸟留在笼中，这样飞出去的雄鸟因恋着雌鸟而很乐于飞回自己的家中。

⑤ 如何选购观赏鱼

一般来说，健康的鱼外观色泽艳丽，花纹鲜明，无发白或白膜现象；体表、体形没有任何异常；游动轻松平稳，鱼鳍舒展；轮廓清晰，线条流畅。健康、灵活的鱼还可以纹丝不动地停在水中。如果鱼沉箱底或浮头，游动时鱼鳍平贴身体，体态膨胀、鳞片突起，排泄物无色、皮肤充血、脱鳞，有红斑、白点、脓血，有伤口或鳍破损、鱼背脊突起则不要选购，也不要购买离群、独处一角的鱼，或与死鱼处于同一水族箱内的健康鱼。另外，发现新品种时要等其适应当地水质时再行购买；选购幼鱼时必须了解其成年后体形大小及水族箱的放养密度，不宜单独购买喜群集鱼种来饲养。初学养鱼者宜挑选饲养方便，适应性强的品种。

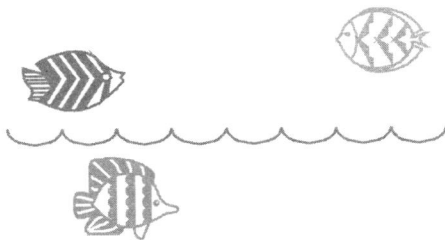

更多扫码资源获取

八 家具

1 把握家具质量

质量是选购家具的首要条件。在家具的用材和内在质量上，首先要看它的木材用料是否有疤节、糟朽或者被虫蚀的地方，在部件的连接部位，要注意看是否有由于加工的粗糙而造成的细微裂纹；看它内部的用料是不是加工得光滑而无毛刺，榫接处或联结件衔接处是否牢固而无松动；包镶板件表面是否平整而无明显翘曲；在选用人造板材的时候，不能有甲醛刺鼻的气味，而且必须要做封边处理。贴薄木或者其他装饰材料的时候，要坚实平滑，不可有鼓泡、开胶、凹痕等缺陷；有抽屉的最好有塑料滑道或金属，没有滑道的，可把抽屉拉出2/3来，其下垂度应在20毫米之内，摆动度应在15毫米之内；不得以刨花板条或中密度板条做边立柱、框、撑子等承重部件。

2 木质家具的选购技巧

在选购木质家具的时候，首先要选择满意率较高、信誉较好的建材家居市场。对于同一品牌或同一款式的家具，要从其价格、服务、质量等方面对其进行综合考虑。还应该跟商家索要此产品的全部环保材料检测报告，向商家或主办单位索要产品保修卡。在合同、发票上必须注明该家具的价格、材质、数量、规格。要了解厂家或主办单位的名称、地址、联系人、电话，以便发生质量问题的时候能及时联系，并能很快地解决问题。

3 布艺家具的选购技巧

选购其框架结构时应选择非常稳定，硬木不突起且干燥，边缘有突出的家具形状绲边的。有加固装置在主要的连接处，通过螺丝或胶水与框架相连，不管是插接、销子连接，还是用螺栓来连接，都要保证每一联结处非常牢固。

要用麻线将独立弹簧拴紧，其工艺的水平也应达到8级。在承重的弹簧处应有钢条加固的弹簧，固定弹簧上面的织物应不易腐蚀且无味，弹簧上面的覆盖织物也是一样。

应设防火聚酯纤维层在座位下，靠垫核心的聚亚氨酯其质量应是最高，家具后背的弹簧也应该是用聚丙酶织物所覆盖的。在泡沫的周围也应该填满聚酯纤维或棉，以保舒适。

4 选购藤制家具

在选购的时候，除了要注意挑选手工技艺比较精细的产品外，还要看材质的优劣。表皮光滑而不油腻，柔软有弹性，且没有什么黑斑的材质比较好；若表面质地精松，起皱纹，且材料没有韧性，容易腐蚀和折断，则不宜购买。

5 选购金属家具

在选购的时候，应挑选外壳清新而光亮，腿落地平稳，焊接处无瑕疵和漏缝，圆滑一致，在弯处没有明显的褶皱，螺钉牢固，铆钉无毛刺、光滑而平整、无松动，其表面无脱胶、平整、无起泡的为佳。

6 选择沙发

在选择沙发的时候，其高度通常情况下应不高于小腿高度，一般40厘米左右，68~74厘米是地面到沙发顶最佳的高度，而92°~98°角是靠背的最佳角度，软硬适中的坐面和稍微偏硬的坐面最好。这样的沙发符合人体工程学，有益于人体的健康。

九　礼品

1 鉴真假黄金首饰

真金的首饰，质软易变，但不易断，在上面用大头针划一下会有痕迹，若是假的或者成色比较低的，用手折的时候，会感到其质很硬，容易断但不容易弯。

真的金首饰，其重量要比其他的金属重。

真的金首饰，其颜色一般为深黄色，若呈深红色则为假品，若呈浅色则为铝或银质混合品。

真的金首饰，用火烧的时候，耐久但不变色，若是假的则不耐火，燃烧以后会变成黑褐色，且会失去光亮。

真的金首饰，抛在台板上面，会发出"卟嗒"的声音，而若是假的或者成色比较差的，其抛在台板上面的声音会比较尖亮，且会比真的金首饰弹跳得要高些。

2 用水银鉴别白金

在白金首饰上涂抹些水银，若水银不能被吸附，则说明是真白金。

3 挑选黄金饰品

在购买黄金饰品的时候，首先要看它的工艺水平如何，也就是说其做工要好，可以根据以下几个方面来挑选：

嵌在上面的花样要精细、清楚，其图案要清晰。

焊接上时，其焊点要光滑，没有假焊，若是项链，其焊接处要求活络。

从抛光上讲，饰品表面的平整度要好，没有雕琢的痕迹。

从镀金上讲，其镀层要均匀，无脱落，饰品镀上金后就是光彩夺目的。

嵌宝上，要求宝石要嵌得非常牢，无松动，镶角要薄、圆润、短、小。在嵌宝石戒指的时候，还要求其齿口与宝石在高低、比例、对称上要非常和谐。

4 选购玉器的技巧

不要在强光下选购玉器，因为强光使玉失去原色，掩饰一些瑕疵。假玉一般是塑料、云石甚至玻璃制造或者进行电色的。塑料、云石的重量比玉石轻，硬度比玉石差，易于辨认。光下的着色玻璃会出现小气泡，也能辨认。但电色假玉则是经过电镀，把劣质玉石镀上一层翠绿色的外壳，很难分别，有些内行也曾受骗。

选购时应留心选有称为蜘蛛爪的细微裂纹的，所以买玉应该到老字号去买。

另外，还要注意以下几点：选透明度比较高，外表有油脂光泽，敲击时发声清脆，在玻璃上可以留下划痕、本身无丝毫损失，做工精致的玉器。

5 识玉器真假

一件好的玉器应具备鲜明、色美、浓郁、柔和、纯正等特点，而我们常见的假玉，多以玻璃、塑胶、电色石、大理石等来假冒。可以用下面的方法来识别其真假。

（1）察裂纹：电色的假玉，是在其外表上镀上了一层美丽的翠绿色，特别容易被人误认为是真玉。如果你仔细观察一下，就会发现上面会有些绿中带蓝的小裂纹。将其放在热油中，其电镀上的颜色即会消退掉，而原形毕露。

（2）光照射：着色的玻璃玉只要拿到日光或灯光下看一下，就会看到玻璃里面会有很多气泡。

（3）看质地：塑胶的质地，比玉石要轻，其硬度也差，一般很容易辨认出来。

（4）看断口：真的玉器，其断口会参差不齐，物质结构较细密。而假的玉器其断口整齐而发亮，属玻璃之类的东西，断口的物质结构粗糙，没有蜡状般光泽，跟普通的石头一样。

6 选购翡翠

翡翠有红、绿、黄、紫、白等不同颜色，选购时：一是看色彩，优质翡翠显示明亮的鲜绿色。二是听响声，硬物碰击时发声清脆响亮者比较好。三是看透明度，真品可以在玻璃上划出一道印痕，伪品不能。

7 鉴别水晶与玻璃

可以从以下3方面来鉴别：

（1）颜色。水晶明亮耀眼；玻璃在白色之中微泛出青色、黄色，明亮不足。

（2）硬度。水晶的硬度为7，而玻璃则在5.5左右。如果用天然水晶晶体棱角去刻划玻璃，玻璃会被划破。

（3）杂质。水晶是天然结晶，体内有绵纹；而玻璃是人工熔炼出来的，体内均匀无绵纹。玻璃内有小气泡，水晶则无。用舌舔水晶和玻璃，水晶凉，而玻璃温。

8 鉴别真假钻石

真的钻石纯净而晶莹，在灯光下晃动的时候五彩缤纷、光芒四射。而假钻石结构不是很紧密，折光的系数也很小，正面看的时候，没有四射的光芒。

真的钻石密度比假的钻石重上一倍。

真的钻石能把玻璃划出痕迹来，而仿制品却不能。

9 鉴别真假宝石

在暗的地方会发绿光的是真宝石。

真品握在手里会有清凉的接触感，若是假宝石则会有热感。

真品的硬度很大，刀片、针尖或锉刀都很难刻划得动，而假的宝石，却非常容易刻划出痕迹。

把绿宝石丢到炉火里去，火很快就会灭掉，且有炭香的即是真的宝石，或者将宝石放在铜盆里，在它的周围铺些白纸，用火烧，若火焰是绿色的，则是真宝石。

将宝石放在炭火上烧红，再放在醋里泡一会，若仍然能戴，则此宝石是真的，若又酥又容易碎，则说明是假的。

真品的颜色纯正、艳丽、匀净，且光泽灿烂、透明无瑕，或者呈变色、星光、猫眼及变彩等特殊的物理光学效应。而假的宝石，不但没有上述的特征，而且还常会出现拉长状的气泡或球状及流线状，或者不规则的颜色条带。

10 选购珍珠项链

珍珠的好坏，可以从形状、大小、光泽、有无瑕疵来判断。在选购的时候要选择光泽比较深、透，且包围珍珠的珍珠层有厚身的。其形状越是八方平滑的越好。珍珠是越大越好。要避免有斑点或者瑕疵。用此法进行选择的时候，还要看珠与珠之间是否相互调和、均匀，特别是相连性比较好的珍珠项链，最为珍贵。

11 鉴真假象牙

真象牙花纹细小，在醋中浸泡一夜会柔软，可以任意制作成精细的工艺品，后放慢火煮又会坚硬。如无这些特性，那么就不是真象牙。另外，也可以用醋卤来蒸煮象牙，它也会变软。

十　化妆品

1　辨变质的化妆品

（1）发生变色。如果化妆品原有颜色变深或存有深色斑点，是变质的表现之一。

（2）产生气体。如果化妆品发生变质，微生物就会产生气体，使化妆品发生膨胀。

（3）发生稀化。化妆品发生了变质，化妆品的膏或霜会发生稀化。

（4）液体浑浊。液体化妆品中的微生物繁殖增长到一定的数量后，其溶液就会浑浊不清，有丝状、絮状悬浮物（即真菌）产生。

（5）产生异味。生长中的微生物会产生各种酸类物质，变酸的化妆品，会产生异味甚至发臭。

总之，发生以上任何一种现象的化妆品都属变质化妆品，不能购买，如为正在使用的产品，需立即丢弃，不得再使用。

2　男士选购化妆品的技巧

（1）辨别皮肤类型：干性皮肤较细嫩，毛孔较细，不容易出油，因此应选用油质的化妆品，比如男用的人参霜、蜜类、珍珠霜等，这类化妆品形成的油脂保护层可以改善干性皮肤不耐风吹日晒的状况，更好地保养皮肤。油性肤质毛孔粗，油脂分泌旺盛，容易造成毛孔的堵塞，脸部一般有粉刺、斑等问题。这类皮肤应选用水质化妆品，控制油脂分泌。中性皮肤最好选用含油、含水适中且刺激性小的化妆品。

（2）根据年龄选购：由于青壮年生理代谢比较旺盛，因此皮下脂肪丰富，所以应选取蜜类和霜类的化妆品。

（3）注意职业的不同：经常进行野外作业的人，为避免因日光中紫外线的过度照射产生的日旋光性皮炎问题，应选用紫罗兰药用护肤品或防晒膏做日常保养。

3　选购优质的洗发水

优质的洗发水，其瓶盖封装非常紧密，液体不易外溢。优质的洗发水，其溶液酸碱度适中，对头发刺激性比较小，在 0℃ ~40℃ 的温度之内，透明洗发水不会变色，而珠光洗发水的珠光也不会发生消失和变色的现象。优质的洗发水，其液体纯净，无杂质，无沉淀，有一定的浓稠度，而颜色应与洗发水香型名称相符，比如玫瑰香型的洗发水就应为绯红色。

4 购粉饼

在选购粉饼时，要注意，优质的粉饼应是：粉粒细而滑，附着力强，易于擦抹；饼块不容易碎，且不太硬，完整而无破损；表面平整而洁净，颜色均一，没有异色杂质星点，香气柔和、悦人，没有刺激性。

5 选购胭脂

在选购胭脂的时候，应选择粉质细腻、气味芳香，色泽鲜丽，无异味；不易脱落和褪色；粉块结实，不易破碎；膏体细腻、色泽统一、不容易缩裂、渗油，无刺激性，方便涂展调和，并且色味宜人，无其他不好的味道的胭脂。

6 选购眼影

选购眼影时，要注意眼影块的形状，其块应色泽均一、完整无损，其粉粒要保持细滑；膏状眼影的膏体细腻、色泽统一、不缩裂、不渗油，无刺激性，色味宜人。优质的眼影

都易于搽抹，并对眼皮没有刺激性，黏附的时间久。

7 选购眼线笔

笔杆长短适宜、笔毛柔软而富有弹性、含液性能好、无杂毛的眼线笔即为优质品。另外，初学者可选用硬性笔。

8 选购眼线液

选购的时候，应选择无刺激、不易脱落、干得快、定妆久、易描绘成线条、卸妆的时候非常容易去除的眼线液。

9 选购睫毛膏

在选购睫毛膏的时候，应选择黏稠度适中、膏体均匀而细腻的睫毛膏。睫毛膏在睫毛上面容易涂刷，黏附比较均匀，可以使颜色加深，增加其光泽度，涂上后不但不会使睫毛变硬，而且还有卷曲效果的；干燥后不会粘着下眼皮，且不怕泪水、雨水或汗的浸湿；具有很强的黏附性，且易于卸除；其色膏对眼部没有刺激性，安全无害。

10 选购优质口红

购买优质口红可以从以下几个方面来挑选：

外观。口红的管盖要松紧适宜，管身与膏体能够伸缩自如，且口红的金属管表面颜色应不脱落、光洁又耐磨。若是塑料管身应保持外观光滑，无麻点。

膏体。口红的膏体表面应光滑滋润，附着力强，不易脱落，无麻点裂纹；并且不会因气温的升高而发生改变。

颜色。优质的口红颜色应艳泽均一，用后不易化开。

气味。要保持香味纯正，不应散发任何奇怪的味道。

11 选购乳液

为避免使用过期或者变质的乳液，购买时一定要看清楚乳液的出产日期。

乳液的色泽要柔和、手感好，若色泽泛白、暗淡或者呈灰黑色，则说明乳液酸碱度的调和不成比例或者产品质量不过关，不宜选购。

要选择细腻、滑软，香气纯正的乳液来使用，而涂抹后有黏腻感、对皮肤有刺激且有异味的就不要使用涂抹。

另外，乳液要在室温下保存，注意保持乳液的半流动性。

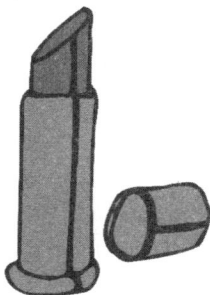

十一　艺术品

1 鉴别纸币收藏的标准品评

鉴别纸币的新旧程度有一定的标准。

未用品：原封的全新品。

十品：可有极轻的色变，币面整洁坚挺，有光泽。

九品：币面挺，有光泽，币角有轻度磨损，折痕较轻较明显。

八品：币面坚挺，有少量色斑或污染，折痕明显，但未破裂。

七品：币面有较重污损，边缘裂口细小，币角有中度磨损，币面中心必须无孔洞。七品以下纸币的无收藏价值。

六品：污染严重，币面有孔，四周有破损。

2 鉴别硬币收藏的标准品评

未用品：出厂的，原包装的，没用过。

原光品：保持出厂时原有光色质，经少次周转。

极美品：使用很少，保存完好的币，发丝、人像、龙鳞等图案细微部分均无磨损，保持较重的锈色原光。

美品：曾流通使用过，较少的磨损，没有原光。

上品：主要图案磨损较轻，疵点细小，年份和文字很清晰。

3 鉴定邮票品相

邮票画面应居中，周边空白应均匀。齿孔整齐，没有断孔或缺角的现象。印刷应精良，油墨色彩应均匀。票面整洁，无污迹或折皱。背胶完好，盖销票无揭薄现象。盖销邮戳位置恰当，清晰。

4 鉴别邮品标记

T 表示特种邮票；M 表示小型邮票或小全张邮票；JP 表示纪念邮资明信片；SB 表示小本票；B 表示贺年明信片；MC 表示极限明信片；YP 表示风景邮资明信片；JF 表示纪念封；WZ 表示外展封；PFN 表示多内容系列纪念封；PZ 表示票折或邮折；P－N－C 表示邮币首日封；F－D－C 表示首日封；FTK 表示纪念图片。

5 收藏钓鱼竿

鱼竿式样分振出式和并继式两种：并继式如同老式鱼竿，是一节节插接而成；而振出式则套在一起，一节节抽接成的。

无论哪种，每个接口都要严密，一般约 4 厘米，不可过长或过短。鱼竿根据软硬还划分为不同调数，如二八调、三七调、四六调等。二八调是超硬竿，三七调是硬竿，四六调是中软竿。

另外，还要知道品相、质量、生产的年代及存世数量、该品牌系列、长短，才能收藏齐全。

6 选购艺术陶瓷制品

在选购艺术陶瓷制品的时候，要选择艺术造型优美、身胎周正、惹人喜爱的制品，同时，色彩也要纯正、和谐，表面光亮。当弹击的时候，清脆悦耳。底座平稳、边缘齐整、无砂眼、无断口，无裂缝。

7 选购珐琅艺术品

在选购珐琅艺术品的时候，应选择花纹工整、胎型标准、色彩合理、无砂眼、花卉逼真、颜色鲜艳、无坑包、造型美观者。

8 选购画框

在选购画框的时候，要与使用这个画框的画相协调，这样会使得画达到更好的效果，因为它可以衬托出画的意境跟情趣。画框不应该太复杂，简洁就好，其颜色也要注意与墙面的颜色相协调。淡色的画框适用于水墨画，并且装上玻璃最好了。至于油画，在选择画框方面应该考虑两者的颜色应该要接近，边框要宽些好。红木的画框或者仿制红木的画框可以应用于中国画和书法，并且要留出边框空白。

9 投资书画艺术品的技巧

在书画艺术品投资中，应以"名、真、精、新" 4 字标准来选藏或投资作品。

（1）"名"就是要看作品的作者是否有"名"，这就要熟悉中国美术史和近现代美术史，要收藏有名的书画家的作品。

（2）"真"也就是真迹。现在赝品充斥着市场，不但有仿齐白石、李可染这些大师的作品，就连一些刚露头角的小名家的作品也有人仿，如果自己把握不准，务请专家"把眼"。

（3）"精"就是要选藏精品，一

个画家一生作品可以等身，有灵感大发的精心之作，也有应酬社交、人情的草率之作，要注意选藏该画家的精品。

(4)"新"就是要看作品的保存状态，这个"新"不是崭新的新，而是指作品的品相好，没有缺损、破损、霉变。因为艺术品是用来进行审美的，缺损了就降低了它的审美价值，也降低了它的市场价值。

生活篇

LIFE

一　衣物

1 防止鞋垫跑出鞋外

先找块布剪成半月形，再给鞋垫的前面缝上个"包头"，如同拖鞋一样。再往鞋里垫时，穿在脚上顶进去，这样鞋垫就不会跑出来。

2 自己放大皮鞋

首先把酒精均匀地涂抹在皮鞋表面，然后再将鞋撑起，并在其中间打入小木楔，大约 30 分钟后再给皮鞋擦一次酒精。待 4 小时后，再打第 2 个木楔。按以上方法重复3~5 次（视鞋尺寸而定）。鞋可放大半码到一码。

3 用淘米水洗衣物

（1）首先把脏衣服放入淘米水中浸泡 10 分钟，再用肥皂洗，最后用清水漂洗一遍，这时洗出来的衣服干净又清洁，尤其白色的衣服，看起来会更洁白。

（2）日常用的毛巾，如上面沾了水果汁，就会有一种异味，而且会变硬，这时也可把毛巾放入淘米水中浸泡 10 分钟，搓洗后便会变得又白又干净。

（3）泛黄的衣服也可用淘米水浸泡 2~3 天，且每天换一批水，浸泡后再取出。最后用清水清洗，泛黄的衣服也可恢复原来的洁白。

4 除毛衣光亮

当毛衣穿时间长了，有些部位便会磨得发亮。碰到这种情况，可用水、醋各一半混合喷洒一下，洗涤后即能恢复原样。

5 用盐洗衣领

在待洗衣物的领口撒一些食盐，揉搓后再洗。汗液里的蛋白质会很快溶解在食盐溶液中，衣领就能很容易地被清洗干净。

6 用爽身粉除衬衫领口污迹

在洗净、晾干的衬衫领口（或袖口）撒些婴儿爽身粉，然后扑打几下，用电熨斗轻压后，再撒些爽身粉即可。这些部位在下次洗涤时就会很容易洗净。

7 用醋洗尿布

洗尿布时，一般选用肥皂或洗衣粉洗，这样洗过的尿布上会留有看不见的洗衣粉，会刺激孩子的皮肤，如在洗尿布时加上几滴醋，便可清除掉这些残留物。

8 用酒精洗雨伞

用蘸有酒精的小软刷来刷洗伞面，然后用清水再刷洗一遍，这样伞面就能被刷洗干净了。

9 用醋水洗雨伞

将伞张开后晾干，用干刷子把伞上的泥污刷掉，然后用蘸有温洗衣粉溶液的软刷来刷洗，最后可用清水冲洗。如没洗刷干净，还可用醋水溶液（1∶1）洗刷。

10 明矾法防衣物褪色

洗高级的衣料时，可在水中加少量的明矾，这样能避免（或减少）所洗衣服褪色。

11 咖啡洗涤防黑布衣褪色

对于黑色棉布衣服，漂洗时在水里加一些咖啡、浓茶或者啤酒，就能防止这些易褪色的衣服褪色。

12 使牛仔裤不褪色

将新买回来的牛仔裤放入浓盐水中（必须是冷水），浸泡半天后，再对其进行洗涤，这样就不会褪色了。

13 用风油精去除衣服的霉味

阴雨天洗的衣服不易干，会产生霉味；衣服长期放置也会因受潮而产生霉味。如果在洗衣服的过程中，用清水再次洗时，加入几滴风油精。待衣服干后，不但霉味会消失，而且有清香味散发出来。

14 绿豆芽消除白衣服上的霉点

衣物很容易在春夏之际起霉点。衣服上产生了霉点的话，可以取几根绿豆芽，在霉点处揉碎，然后轻揉搓一会，用水冲后即可去除。

15 用酒精除汗渍

把衣服染上汗渍处放在酒精中浸泡 1 小时左右，再用清水及肥皂水搓洗干净，即可去除。

16 用冷盐水去汗渍

把衣服浸泡在冷盐水（1000 克水放 50 克盐）中，3~4 个小时后用洗涤剂清洗。或先用生姜（冬瓜、萝卜）汁擦拭，半小时后水洗干净即可。

17 洗床单上的黄斑

若收藏的床单或衣服上有发黄的地方，可在发黄的地方涂些牛奶，然后放到阳光下晒几小时，再用水清洗一遍即可。如果是新的黄斑，可先用刷子刷一下，再用酒精清除；陈旧的黄斑则先要涂上氨水，放置一会儿，再涂上一些高锰酸钾溶液，然后用亚硫酸氢钾溶液来处理一下，最后用清水漂洗干净。

18 除衣服上的漆渍

如果衣服不慎沾上了漆，可以把清凉油涂在刚沾上漆的衣服正反两面，几分钟后，顺衣料的布纹用棉花球擦几下，便可除清漆渍。去除陈漆渍时要多涂些清凉油，漆皮会自行起皱，此时即可剥下漆皮，再将衣服洗一遍，便会完全去掉漆渍。

19 用牙膏去除衣服上的油污

衣服上不慎沾了机油，可在沾有机油的地方涂抹牙膏，约 1 小时后将牙膏搓除，用蘸水的干净毛巾擦洗，油污即可被去除。

20 用松节油去油渍

已晒干的油斑无法用汽油和稀料清除，可用棉花蘸松节油涂于油渍处，轻搓两下，再用肥皂水冲洗，油斑即可消失。

21 用牛奶洗衣物墨迹

衣服沾上墨水后，可先用清水清洗一下，再用牛奶洗一洗，然后用清水洗干净，这样就可清除墨迹。

22 去除调味汁、汤汁等斑痕

（1）可以事先用汽油揩擦一下，等到斑痕上面的油脂去掉了之后再用 5 份清水与 1 份浓度为 10% 的氨水配成的稀释液清洗，然后再用清水进行洗涤。

（2）先用丙酮润湿后，再用柔软的布擦洗，然后用浓度为 2% 的氨水溶液洗干净，最后再用清水洗几遍，直到洗干净为止。

（3）若颜色鲜艳的丝织品、毛织品上有调味汁、汤汁、乳汁斑痕，最好使用 35℃ 左右的热甘油浸湿，再用刷子轻轻擦拭，待过 15 分钟左右后，用布块或棉球蘸 25℃～30℃ 的温水擦拭。也可用浓度 10% 的氨水 1 份与甘油 20 份配置成的混合液擦洗。

23 去除衣物上的醋渍

在污渍处撒少许白砂糖后搓揉，再用温水洗涤，若有残迹，再用滴有氨水的肥皂液或肥皂与酒精的混合液搓洗清除即可。

24 去除衣物上的酱油渍

可先用冷水搓洗一下，再用洗涤剂来清洗。而陈旧的酱油渍可加入适量氨水在洗涤剂溶液里进行清洗，还可用 2% 的硼砂溶液进行清洗。最后再用清水漂洗。

25 去除衣物上的西红柿汁渍

在溅了西红柿汁的衣物上涂上维生素 C 注射剂，就能褪掉西红柿汁的颜色，最后用冷清水漂净即可。

26 去除衣物上的西红柿酱渍

刮除干污渍，用温的肥皂溶液搓洗，再用汽油和酒精交替擦拭，或在白葡萄酒中加些盐后，用其搓洗干净即可。

27 用食盐去除衣物上的果汁渍

若是新渍，在上面撒少许食盐，用水润湿后轻轻搓洗，再加洗涤剂洗净即可。若是陈渍，先用氨水与水按 1 ∶ 20 配成的溶液浸洗，然后用洗涤剂洗净。

28 去除衣物上的茶渍

先用滑石粉擦，后用水洗。或用灯芯草熬汤，并加少许食盐，用制成的溶液洗涤。若洗后还留有斑迹，白衣可在水中加漂白粉清洗，有色衣物可用硼砂水清洗。

29 掺食醋擦皮鞋

擦皮鞋前，滴几滴食醋到鞋油里，这样擦后的皮鞋就会色彩鲜艳，而且光亮能长久保持。

30 用牛奶擦皮鞋

不要把喝剩下（或已陈腐）的牛奶倒掉，可用来擦皮鞋（或其他皮革制品），能防止皮质干和裂口。

31 蘸白酒擦皮鞋

用蘸了白酒的海绵可擦除皮鞋上的污迹，而且能使皮鞋非常光亮。

32 掺牙膏擦皮鞋

擦皮鞋时，往鞋油里加点牙膏，就能使擦过的皮鞋光洁如新。

33 用香蕉擦皮鞋

先擦去皮鞋上的浮灰，然后用香蕉擦拭，鞋不仅会非常干净，而且还会乌黑发亮。

34 用橘皮擦皮鞋

在擦黑皮鞋时，用鲜橘皮的内壁首先擦拭一遍，然后再抹上鞋油擦，这样不但去污效果很好，也会使皮鞋更加光亮。

35 如何清洗磨砂皮鞋

磨砂皮鞋鞋面脏了，可以用塑料橡皮擦鞋面上的脏迹，用这种方法可以将磨砂皮鞋上的脏迹很快去除，比用鞋粉擦拭的效果好得多。

36 熨烫领带

熨烫时，熨斗温度以 70℃ 为佳。毛料领带应喷水，垫白布熨烫；丝绸领带可以明熨，熨烫速度要快，以防止出现"极光"和"黄斑"。

（1）熨领带时，可先按其式样，用厚一点的纸剪一块衬板，插进领带正反面之间，然后用温熨斗熨。这样不致使领带反面的开缝痕迹显现到正面，影响正面的平整美观。

（2）若领带有轻微的褶皱，可将其紧紧地卷在干净的酒瓶上，隔一天皱纹即可消失。

37 熨烫衣褶

衣服如果长期叠放容易形成死褶。对此，可用醋沿着死褶擦拭，再用熨斗熨，这样很容易把褶纹熨平。如果在洗衣服时掺入少量牛奶，还可以使衣服熨后富有光泽。如果想使衣服上香味持久，则可以在熨衣裤时，在垫布或吸墨纸上洒一些花露水后再熨。

38 给呢料衣服除亮

呢料衣服的膝、肘、臀部等会经常受到各种摩擦，穿的时间久了就会发亮。可在这些地方敷上一半水一半食醋的混合液，略干后再敷一次，如此反复几次，然后用一块干净的布垫着加以熨烫，即可除去亮光。

39 用茶叶除鞋臭

运动鞋穿时间长了，容易臭脚臭鞋，这时可以用两个纱布袋，装25克左右茶叶，脱鞋后将茶袋放在鞋内，早上将茶叶袋放到太阳下去晾晒，每天如此，便能除去鞋内的臭味。

40 不要把洗衣粉与肥皂混用

因为洗衣粉是呈酸性的，而肥皂是呈碱性，两者相混便会发生中和反应，从而使各自的去污力降低了。

41 毛料衣服忌机洗

毛料衣服的衬布多是棉麻类织物，而且不少部位是用针缝的，会因吸水后的收缩率不均而导致变形，影响美观。毛料衣服不宜在洗衣桶中水洗，只宜干洗。

42 鉴别干洗与假干洗

利用去污剂把油渍化开，然后再水浸、熨烫，从表面看似乎和干洗是一样的，但实质却不同，这样只是将衣服中的灰尘吸到了织物的深处，经灰尘污染后还会重新出现，这就是"假干洗"。任何织物在水洗后都会有缩水比，因此免不了会走样。下列方法能够鉴别衣服是水洗的还是干洗的：

（1）水洗后，衣服会有不同程度地变形和掉色。

（2）干洗的标码均用无油性墨水，但圆珠笔痕是油性的，干洗后就会褪色或消除，但水洗的却相反。

（3）送洗前，在衣服上滴几滴猪油，若真的干洗，猪油绝对会消失，若是假干洗，油迹则不会消失。

（4）在不显眼的地方钉上一颗塑料扣，如果真的干洗，塑料扣就会溶化，但线还在。

（5）在隐蔽处放一团卫生纸，如果卫生纸的颜色和纸质还能平整如初，则是真的干洗；如果卫生纸褪色破裂，就是假干洗。

43 解决西服起泡妙方

西装洗涤不当或穿的时间过长，胸部等处常会出现一些小气泡，影响美观。有一种方法可解决这一困扰：先找一个注射器，再用一枚大头针把胶水或较好的黏合剂均匀地涂于起泡处，再度晾干，烫平即可。

44 衣服的颜色返鲜法

有些衣服在洗过多次之后，就不再有鲜艳的颜色了。这是因为，洗衣服的水中含有的钙和肥皂接触后，就生成了一种不易溶解的油酸钙，这种物质附着在衣服上，就会使衣服鲜艳的光泽失去。最后一次漂洗时，在水中滴入几滴醋，就能把油酸钙溶解掉，从而保持了衣服原有的色彩。

45 使毛衣不被洗褪色

洗毛衣、毛裤时用茶水，就能避免褪色。方法是：放一把茶叶到一盆开水中，水凉后滤出茶叶，将毛衣、毛裤放在茶水里泡十几分钟，轻轻揉搓后漂净，晒干即可。

46 洗衣物呕吐污迹

对于不太明显的呕吐污迹，可以先用汽油把污迹中的油腻成分去除，再用浓度为 5% 左右的氨水溶液擦拭一下，然后用清水洗净。如果是很久以前的呕吐污迹，可先用棉球蘸一些浓度为 10% 左右的氨水把呕吐污迹湿润，然后用肥皂水、酒精揩擦呕吐的污迹，最后再用清水漂洗，直到全部洗净。

47 刷鞋后如何使鞋不发黄

（1）用肥皂（或洗衣粉）将鞋刷干净，再用清水冲洗干净，然后放入洗衣机内甩干，鞋面就不会变黄了。

（2）用清水把鞋浸透，将鞋刷（或旧牙刷）浸湿透，蘸干洗精少许去刷鞋，然后用清水冲净晾干，这样能把鞋洗得干净，鞋面也不会发黄。

48 棉鞋除湿妙法

如果是汗脚，每晚脱下的鞋里边总会潮乎乎的。缝制两个和鞋子的长短、宽窄都差不多的小布袋，把干燥的石灰装在里边，然后将袋口封死，把石灰袋放入每晚脱下的鞋内。干燥的石灰具有较强的吸湿力，经过一夜便可吸干鞋内的湿气，第二天早晨，棉鞋又可以变得既舒适又干爽了。白天把石灰袋放在阳光下曝晒，晚上取回再用，也可以多缝几个，以便交替使用。

二　饮食

1 用淘米水去除蔬菜农药

呈碱性的淘米水对解有机磷农药的毒有显著作用，可将蔬菜在淘米水中浸泡 10~20 分钟，再用清水将其冲洗干净，就可以有效地除去残留在蔬菜上的有机磷农药；也可将 2 匙小苏打水中加入一盆水中，再把蔬菜放入水中浸泡 5~10 分钟，然后用清水将其冲洗干净即可。

2 淡盐水使蔬菜复鲜

买回的蔬菜若储存时间较长，容易流失水分而发蔫，用浓度为 1% 的食醋水或浓度为 2% 的盐水浸泡过后，便能使蔬菜水灵起来。

3 加盐去菜虫

洗菜时，取适量食盐撒在清水中，反复揉洗后，即可清除蔬菜里的虫子；也可用浓度为 2% 的淡盐水将蔬菜浸泡 5 分钟，效果相同。

4 用水避免切洋葱流泪

洋葱内含有丙硫醛氧化硫，这种物质能在人眼内生成低浓度的亚硫酸，对人眼造成刺激而催人泪下。由于丙硫醛氧化硫易溶于水，切洋葱时，放一盆水在身边，丙硫醛氧化硫刚挥发出来便溶解在水中，这样可相对减少进入眼内的丙硫醛氧化硫，减轻对眼睛的刺激。

5 用盐水洗木耳去沙

泡木耳时先用盐水浸泡约一个小时，然后再抓洗。接着用冷水洗几遍，就可去除沙子。

6 用淀粉清洗木耳更干净

用温水把木耳泡开后，即使将其挨个洗一遍，也不一定能洗净。可加两勺细淀粉在温水中，再将细淀粉、木耳、温开水和匀，这样可使木耳上的细小脏物吸附或混存于淀粉中。捞出木耳用清水冲洗，便能洗净了。

7 米汤泡木耳

要使木耳松软肥大，可用烧开的米汤来泡发木耳。要使木耳脆嫩爽口，可用凉水发木耳。

8 用盐洗蘑菇

蘑菇表面的黏液会使粘上的泥沙难以清洗。在水里放点盐，把蘑菇放入泡一会儿再清洗。粘沙的香菇在清洗时，要朝一个方向搅，这样泥沙容易掉下。

9 泡香菇

香菇的鲜味是因自身含有核糖核酸的缘故。若把香菇放在60℃~80℃的热水中浸泡，其中的核糖核酸容易水解生成乌苷酸，使香菇味道更鲜美。因而清洗香菇最好用热水。

10 用淘米水泡发干菜

淘米水发干菜有很好的效果。用淘米水发干菜、海带等干货，很容易涨发，而且较容易烹烂。

11 用盐去桃毛

用水将桃子淋湿，将一撮细盐抹在桃子表面，轻搓几下，要将整个桃子搓遍；然后把沾了盐的桃子放入水中浸泡片刻，浸泡时可随时翻动；再用清水冲洗，即可全部除去桃毛。

12 开水果罐头

水果罐头难以拧开时，可将打火机打着火后，将瓶对准火苗绕圈烤约1分钟，就可以轻松打开罐头了。

13 切蛋糕的技巧

在切奶油蛋糕时要使用钝刀，切之前把刀在温水中浸一下，这样蛋糕就不沾刀了。用黄油擦擦刀口也可达到此效果。

14 切黏性食品的技巧

切黏性食品时容易粘刀，而且切出的食品不好看。若先用刀切几片萝卜，再切黏性食品，就不会粘刀了。

15 盐水洗鱼

用凉浓盐水洗有污泥味的鱼，可除污泥味。在盐水中洗新鲜鱼，不仅可以去泥腥，且味道更鲜美。至于不新鲜的鱼，先用盐将鱼的里外擦一遍，1小时后再用锅煎，鱼味就可和新鲜的一样。而且，用盐擦鱼还可去黏液。鱼身上若有黏液，黏液易沾染上污物。在洗鱼时，可先用细盐把鱼身擦一遍，再用清水冲洗一下，会洗得非常干净。

16 盐水泡鱼可保鲜

不立即食用的活鱼，可趁其鲜活时冷冻。待食用前取出化冻烹调，可使鲜味如初。配制浓度为2%左右的盐水，将鲜鱼放入水中泡15分钟左右，这样做的鲜鱼，在30℃左右的气温下放置一周不会腐烂。

17 洗鱼去黏法

在养有鲜鱼的盆中，滴入1~2滴生植物油，能除去鱼身上的黏液。

18 用盐水化冻鱼

刚从冰箱拿出的冻鱼，若想立刻烹调，一定不要用热水烫。在热水中，冻鱼只有表皮受热，而热量传到其内部的速度很慢。这样不但冻鱼很难融化，而且鱼的表皮容易被烫熟，导致蛋白质变性，影响其鲜味和营养价值。所以应在冷水中浸泡冻鱼，加些盐在水中，这样冻鱼不但能很快化冻，而且不会损坏肉质。

19 抹醋使鱼鳞易刮

做鲜鱼时，鲫鱼、鲤鱼等的鱼鳞往往很难刮掉。可以先在鱼身上抹些醋，一两分钟后再刮，鳞就十分容易刮掉。醋还可以起去腥易洗的作用。

20 切鱼肉妙方

切时将鱼皮朝下放，刀口斜入进去，顺着鱼刺方向斜切成片状，炒熟后其形状仍会很完整。

21 海带速软法

用锅蒸一下海带可促使海带变软。海带在蒸前不要着水，直接蒸干海带，蒸海带的时间长短由其老嫩程度决定。一般约蒸半小时，海带就会柔韧无比。泡海带时加些醋，也可使海带柔软。待海带将水吸完后，再轻轻将砂粒洗去。

22 用姜汁处理冷冻肉

购回冻肉后，将其浸泡在姜汁液中约30分钟后再洗，不但脏物容易去除，而且能消除异味，增添鲜味。

23 洗猪肉用淘米水

用清水冲洗生猪肉时，感觉油腻腻，且越洗越脏，若用淘米水洗过后，再用清水冲，脏物就容易除去了。也可用和好的面，在沾染了脏物的肉上来回滚动，脏物很快便能被粘下。

24 洗猪肚

剖开猪肚，清理（不要下水）好上面所附的油及其他杂物，淋上一汤匙的植物油，然后彻底地将正反面反复揉搓，全部揉匀之后，拿清水漂洗几次。这样不仅再没有腥臭等异味，而且洁白发滑。

25 剁肉加葱和酱油不粘刀

剁肉馅时刀上爱粘肉，剁得费劲。可先将肉切成小块，再连同大葱一起剁，或是边剁边倒些酱油在肉上。这样，肉中增添了水分，剁肉就不会再粘刀了，也就省劲了。

26 切咸蛋的技巧

先将刀放在开水中烫热，再切煮熟的鸡鸭咸蛋，这样切出的蛋不易碎不粘刀，且切面光滑平整。

27 去白菜异味

烧制白菜的过程中，加入适量的甜面酱或酸果酱，取代酱油，这样白菜就无异味了。

28 去洋葱味的窍门

洋葱在烹炒过程中会散发出一股难闻的气味，弥漫在厨房里。如用砂锅装一小杯白醋，煮沸，冒出的醋味可除洋葱味。

29 用食盐去萝卜涩味

烹制萝卜前，撒适量的盐在切好的萝卜上，腌渍片刻，滤除萝卜汁，便可减少其苦涩味。

30 去水果涩味

青色的水果往往有涩味，如青枣、青西红柿、青李子和不成熟的桃子等，可把青果子放在罐或缸内，喷上少许白酒，盖严实，大约2~3天后，果子会由青变红，涩味消失，更加甘甜。

31 用苹果去柿子涩味

把苹果和柿子（苹果或梨与柿

子的比例为 2 ： 5) 混放入缸中，封好口，置于 20℃ ~25℃ 的温度下，存放 5~6 天，柿子便可去涩。

32 用鲜葱去米饭煳味

趁热取半截鲜葱插入烧煳的饭里，把锅盖一会儿，能除饭的煳味。

33 去除豆制品豆腥味

豆腐皮、豆腐干等都是豆制品，它们往往有一股豆腥味，影响食用。若将其浸泡在盐开水（一般 500 克豆腐 50 克盐）中一段时间，不但可除去豆腥味，还可使之色白质韧，不易破碎，延长保质期。

34 自制豆浆时去豆腥味

将黄豆或黑豆浸泡后洗净，再用火煮，开锅 3~4 分钟后将其捞出，放到凉水中过一遍，然后加工成豆浆，用此法制成的豆浆既无豆腥味，又可增强豆香味。

35 去除菜板腥臭味

把菜板放在淘米水里，浸泡大约 10 分钟，再以加有食盐或碱的水洗刷，最后将其用热水洗净，即可除其腥臭味。

36 去除菜锅腥味

烧过鱼的锅会有一股鱼腥味，若想除去这股味道，可放入少量茶叶和适量的水在锅中，煮十几分钟后，锅就没有腥味了。

37 用柠檬汁除油腥味

通常炸鱼剩下的油会有腥味，这时，可在油料中适当加入几滴柠檬汁，便可将其油腥味除去。

38 啤酒去腻

在烹饪脂肪较多的菜如肉类或鱼类时，可加入一杯啤酒，这样不仅能加速溶解脂肪，还可使菜更加清淡爽口，香而不腻。

39 紫菜去除油腻法

若汤过分油腻，可在火上将少量紫菜稍烤一下，然后将其放入汤内，再加入些香菜，即能去除腻味。

40 用面粉去汤咸味

把面粉（或米饭）装在小布袋里，把袋子扎紧后放在汤里煮一会儿，能吸收多余盐分，使汤变淡。

41 去咖啡异味

不加咖啡伴侣或牛奶的咖啡有一种奇特的味道，喝惯了茶的中国人一般难以接受这种味道。若加入咖啡伴侣或牛奶，会失去咖啡的醇香。若加一小片柠檬皮在咖啡里，可淡化这种味道。

42 去开水油味

若发现开水中有油，可放入一双干净的、没上油漆的竹筷，回锅再煮，便可去除其油味。

43 用白酒去鱼腥味

洗净鱼后，在鱼身上涂抹一层白酒，约一分钟后用水冲去，便能去腥。

44 用生姜去鱼腥味

将鱼烧上一会儿，待鱼的蛋白质凝固后，撒上生姜，可提高去腥的效果。

45 用食醋去河鱼土腥味

把鱼剖开洗干净，放在冷水中，滴入些许食醋，也可放适量胡椒粉或月桂叶，这样泡过后的鱼再烧制时，就没土腥味了。

46 用牛奶去鲜鱼腥味

鲜鱼剖开洗净后，再放入牛奶中泡一会儿，既可除腥味，又可增加鲜味。吃过鱼后，如果嘴里有味，可嚼上三五片茶叶，使口气清新。

47 去除冷冻鱼臭味的技巧

喷些米酒在冷冻的鱼上，再放入冰箱，这样鱼能很快解冻，且没有水滴，也没有冷冻臭味。

48 用食碱淘米水去咸鱼味

加入1~2勺食碱在淘米水中，然后放入咸鱼。大约浸泡4~5小时后，取出咸鱼，用清水洗净，便可将异味去除。

49 去除虾腥味的方法

柠檬去腥法：在烹制前，将虾在柠檬汁中浸泡一会儿，或在烹制过程中加入一些柠檬汁，既可除腥，又能使味道更鲜美。

肉桂去腥法：烹制前，将虾与一根肉桂同时用开水烫煮，既可除腥，又能保持虾的鲜味。

50 用柠檬汁去除肉血腥味

滴几滴柠檬汁在肉上，可去除肉腥味，还能加速入味。

51 用洋葱汁去除肉血腥味

将肉切成薄片，放入洋葱汁中浸泡，待肉入味后再烹调，就没有腥味了。对于肉末，可在其中搅入少许洋葱汁。

52 啤酒浸泡去除冻肉异味

将冻肉放入啤酒中浸泡约10分钟后取出，以清水洗净再烹制，可除异味，增香味。

53 稻草去冻肉异味

在冰箱中放太久的猪肉会有异味。如在烹调前，在水中放入三五根稻草，与猪肉一同煮熟，再加入几滴白酒。然后，取出沥干切片，回锅炒制，可除臭保鲜。

54 腐乳去肥肉腻味

肥肉切片，加调料炖在锅中，按500克猪肉一块腐乳的比例，将腐乳与适量温水搅成糊状，待煮沸后倒入锅中，再炖三五分钟即可食用。最后蘸上蒜泥，食用时味美而不腻，别有一番风味。

55 炖肉除异味

炖肉时，将大料、陈皮、胡椒、桂皮、花椒、杏仁、甘草、孜然、小茴香等香料或调味品按适当比例搭配好，放进纱布口袋中和肉一起炖，可以遮掩或除掉肉的异味，如牛羊肉及内脏等动物性原料的腥、膻、臭等难闻异味，这样不仅能去除异味，也可使香气渗进菜肴。

56 用面粉去除猪心异味

在猪心表面撒上玉米面或面粉，稍待片刻，用手揉擦几次，一边撒面粉一边揉搓，再用清水洗净，这种方法也能除猪心异味。

57 用胡椒去除猪肚异味

煮猪肚时会有一股臭味，可将十余粒胡椒包在小布袋中，和猪肚一起煮，便能除异味。

58 用酸菜水去除猪肚异味

用酸菜水洗猪肚和猪肠，大概洗两遍就可除臭味。

59 用植物油去除猪肠臭味

将猪肠用盐水搓洗一遍后，盛于盆中，在猪肠上抹满植物油。大约浸泡一刻钟后，用手慢慢揉搓片刻，清水洗净，就可除去猪肠的臭味。

60 用牛奶去除牛肝异味

先将牛肝用湿布擦净，再切成薄片，泡在适量的牛奶中，即可除异味。

61 用绿豆去除羊肉膻味

先把羊肉浸泡在水中一段时间，待其漂尽血水。煮羊肉的时候再放一些绿豆和红枣同煮，即可去除膻味。

62 用核桃去除羊肉膻味

取几个核桃，用水将其清洗干净，在核桃上扎上几个小眼，与羊肉同煮。这样炖的羊肉就不再膻了。

63 用甘蔗去除羊肉膻味

将100克甘蔗的皮削去，切成小条待用。将500克羊肉用清水洗净后，放入锅内，加入已切好的甘蔗条，同煮，这样不仅可去腥，且羊肉更鲜美可口。

64 用鲜笋去除羊肉膻味

每500克羊肉加250克鲜笋，同时放入锅中加水炖，这样羊肉就不膻了，而且羊肉会更鲜美。

65 用鲜鱼去除羊肉膻味

将鲜鱼与羊肉（每500克羊肉配100克鱼）同炖，这样可使肉和汤都极其鲜美。

66 用山楂去除羊肉膻味

将几个山楂（或几片橘皮、几个红枣）与羊肉同烧，既能除膻，又能让肉熟得快。

67 用茉莉花去除羊肉膻味

将茉莉花用清水洗干净后，用一块干净的纱布将其包好，在炖羊肉时，放入包好的茉莉花，与其一同炖，即可除去腥味。

68 用核桃去咸肉辛辣味

在煮咸肉的锅中，放几个钻了孔的核桃一起煮沸，就能消除咸肉的辛辣味。

69 用啤酒去除鸡肉腥味

把鸡宰好后，放入加有盐和胡椒的啤酒中，大约浸泡1个小时，便可除腥。

70 用牛奶去除鸡肉腥味

把鸡宰好后，用牛奶把鸡的周身涂一遍，再放入酒中（若添入洋葱或蒜更好）浸泡片刻，也可去腥。

71 用茶盐水去松花蛋苦味

用清水将松花蛋洗净，放进茶盐水里浸泡10~30天。盐与茶水的比例为：茶叶25克对食盐300克。茶叶加水500毫升，熬浓后晾一会儿，滤去茶叶，倒进泡菜坛里。在盐中加入3千克水，待搅拌溶化后跟茶水混合，然后浸入松花蛋，以完全淹没蛋为宜。这样做的松花蛋不仅可去掉苦涩味，而且色鲜味道更美。

72 用植物油防面条粘连

在煮面条的水里加入一汤匙的植物油，则面条不会粘连。

73 用植物油防肉馅变质

若肉馅一时用不尽，可将其放在碗里，将表面抹平，再浇一层熟食用油，即可隔绝空气，这样存放就不易变质。

74 用花椒防溢油

炸食物时，油的体积会很快增大，甚至溢出锅外，此时只要放入几粒花椒，受热而往上溢的油就能消下去。

75 用盐防溅油

先在热油里放少许盐，煎炒食物的时候油就不会外溅。

76 怎样炒菜省油

炒菜时，可先拿少量油来炒，等菜将熟时，放入一些熟油，翻炒后即可出锅，可令菜汤减少，油能够渗进菜里，虽用油不多，不过油味浓、菜味香。

77 牛奶解酱油法

在炒菜的时候，若酱油放多了，色味过重时，可加入少许牛奶，即可解。

78 烹调用醋催熟

在对一些较为坚硬的肉类或禽类野味进行烹调时，可加进适量的食醋，这样不仅可以使肉较易烂软，而且有利于消化。

79 用料酒去腥解腻

肉和鱼、虾都具有腥膻味。而之所以有腥膻味是因为它们含有一种胺类物质。胺类物质可以溶于料酒内的酒精。如果在烹调时加入料酒，这种胺类物质就会在加热的时候随着酒精一起发酵，从而能达到去腥目的。

80 应付油锅起火

如果炒菜时油锅起火了，应迅速盖上锅盖，隔绝空气，火就会自行熄灭；或者立即放几片青菜叶到锅里，也能灭火。

81 重煮夹生饭

米饭夹生：用筷子在饭内扎些能直通锅底的孔，洒入黄酒少许再重煮。

表面夹生：将表层的面翻到中间后再煮即可。

82 白酒炒饭防硬

用冷硬的剩饭来做炒饭时，可往里洒少量白酒，这样炒出的饭既好吃又松软。

83 煮粥加油防溢法

在煮粥的时候，加点食油在锅里（最好用麻油），这样，即使火非常旺，粥也不会再溢出，而且会更加香甜。

84 橘子煮粥增香

在粥将煮熟的时候，加入几瓣已晒干的橘皮或橘子片，粥的味道会非常清香可口。

85 炸馒头片不费油

炸前把馒头片先用水浸透，取出，待馒头片表面无水珠时再入油锅炸，馒头片要即浸即炸，防止馒头片被泡碎。这样馒头片吸饱了水，炸时消耗的主要是水，馒头片不再吸油，很省油。这样炸出的馒头片金黄均匀且外焦里嫩，撒上白糖食用更香甜可口。同理，把馒头片掰成如丸子般大小的块，炸出后撒上白糖也很有风味。

86 饺子馅汁水保持法

要想保持饺子馅的汁水，关键在于将菜馅切碎后，不要放盐，只需浇上点食油搅拌均匀，然后再跟放足盐的肉馅拌匀即可。这样就能使饺子馅保持鲜嫩而有水分。

87 防饺子馅出汤

包饺子时，常常会碰到馅出汤的情况，只需将饺子馅放入冰箱冷冻室内速冻一会儿，馅就可把汤吃进去了，且特别好包。

88 饺子防粘法

为了防止饺子粘在一块，可在 500 克面粉中加 1 个鸡蛋，使饺子皮结实。在煮的时候，放几段大葱在锅内。在沸水里加入少量食盐，等盐完全溶化后，将饺子放进锅里，盖上锅盖，直至完全煮熟，不需要加水，也不要翻动。当饺子煮熟快要出锅的时候，将其放入温水中浸泡一下，饺子表面的面糊即会溶解，再装入盆里时就不会再黏结了。

89 嚼花生米可除口中蒜味

吃完大蒜后口中会留有蒜味，可嚼十几粒花生米，蒜味立即消失。

90 防茄子变黑 4 法

（1）削去茄子皮后烹调。

（2）茄子切好后马上下锅，或是浸泡在水中。

（3）烧茄子时，加入去皮去籽后的西红柿，可防变色，也可增添美味。

（4）需洗净烹制茄子的铁锅，而且茄子不应长时间放在金属容器里。

91 防藕片烹调变色法

可将嫩藕切成薄片，拿滚开水稍烫片刻后取出，再用盐腌一下后冲洗，然后加进姜末、醋、麻油、味精等调拌凉菜，则不易变色。或是上锅爆炒，再颠翻几下，放入食盐和味精后立即出锅就不会变色。在炒藕丝时，应边炒边加水，才可保其白嫩。

92 糖水浸泡蘑菇更鲜美

若用水浸泡干蘑菇，蘑菇的香味会消失。可将蘑菇用冷水洗净，浸泡在温水中，然后加入一点白糖。因为蘑菇吃水较快，可保住香味。浸进了糖液后，烧熟的蘑菇味道更鲜美。

93 用盐水防烹调豆腐破碎

豆腐烹调时容易破碎。若将豆腐浸于盐水中 20~30 分钟再进行烹制，就可防止破碎。

94 柠檬妙用法

如果在做菜的时候不小心让菜或是菜汤出现异味，可以准备一个鲜柠檬，把它切开之后挤 10~15 滴柠檬汁滴入锅内，这样异味便可以减小至最低程度。

95 用白菜帮去油污

用白菜帮可将锅台上的油污擦掉，速度很快而且非常干净。

96 烹制刺多的鱼放山楂

烹制鲤鱼、鲢鱼等骨刺很多的鱼时，可放入山楂，既使鱼骨柔软

又能排解鱼毒。

97 用姜汁煎鱼防粘锅

将锅洗净擦干后烧热，然后在锅底用鲜姜涂上一层姜汁，再放入油，等到油热之后，再把鱼放进去煎，此法也可防鱼粘锅。

98 用葡萄酒防煎鱼粘锅

煎鱼时，在锅内喷小半杯葡萄酒，即可防鱼皮粘锅。

99 碱水去鱼腥味

若担心鱼是在农药污染的水域中养大的，吃起来有极浓的水油味，可事先准备一脸盆清水，放入两粒蚕豆大小的纯碱，制成碱水。在宰杀之前，将鱼先放在碱水中，养约 1 小时后，毒性就会消失。如果买的不是新鲜的活鱼，可在宰杀完毕后将其放在碱水中浸泡一段时间，然后再洗净下锅，仍是有利无害的。

100 冷水炖鱼去腥

用冷水炖鱼可去腥味，且应该一次性加足水，因为中途加水，就会将原汁的鲜味冲淡。

101 防蒸蟹掉脚

蒸蟹时蟹因受热在锅中挣扎，导致蟹脚极容易脱落。若在蒸前用左手抓蟹，右手持一根结绒线时用的细铝针，或稍长一点的其他细金属针，将其斜戳进蟹吐泡沫的正中方向（即蟹嘴）1厘米左右，随后放入锅中蒸，蟹脚就不易脱落了。

102 用醋嫩化海带

一般海带要是煮久了就会发硬，所以在煮海带前，可以先在锅里加几滴醋，这样海带就会很快软化。

103 用山楂煮海带熟得快

在煮海带时往锅里放几个山楂，这样海带煮得又快又烂，可缩短大约1/3的时间。

104 煮肉用热水冷水有讲究

根据想吃汤还是想吃肉来决定用热水还是冷水煮。加冷水煮好的肉汤绝对比加热水煮好肉汤味道更为鲜美，加热水煮好的肉比加冷水煮出来肉味道更好。

105 加醋煮带骨肉

适量加些醋煮排骨、猪脚，骨头中的钙及磷等矿物质就容易被分解溶进汤中，有益于吸收，促进健康。

106 烤肉防焦小窍门

烤肉前，先在烤箱里放一只盛有水的器皿，由于烤箱内温度的升高会使器皿中的水变成水蒸气，这样就能防止烤肉焦煳。

107 炒肉加水可嫩肉

炒肉片、肉丝时加少量水爆炒，炒出来的肉会嫩得多。

108 挂糊嫩肉

用淀粉以及啤酒调成糊，然后把切好的肉片挂糊后炒制，可以使炒出来的肉片显得特别鲜嫩，口感很好，带有别样的风味。

109 用啤酒嫩肉

先在肉片上用少量的淀粉和啤酒淋片刻，同时拌匀，放置5分钟后再入锅烹制，这样炒出来的肉就能味美、鲜嫩、爽口。

110 用生姜嫩化老牛肉

把洗净的鲜姜切作小块，放入钵内捣碎，然后把姜末放进纱布袋里，挤出姜汁，拌进切成条或片的牛肉里（500 克牛肉放一匙姜汁）拌匀，要让牛肉充分蘸上姜汁，在常温下放置 1 个小时即可烹调。这样处理过的牛肉不仅鲜嫩可口，且无生姜的辛辣味。

111 用冰糖嫩牛肉

在烧煮牛肉时可以放进一点冰糖，这样牛肉就能很快酥烂。

112 鸡肉生熟鉴别法

一看、二摸、三刺法：一看，就是把水保持在一定温度的情况下，经预定烹煮时间后，若鸡体浮起，则鸡肉已熟。二摸，就是将鸡体捞出，用手指捏捏鸡腿，若肉已变硬，并有轻微离骨感，则说明熟了。三刺，就是拿牙签刺刺鸡腿，无血水流出即熟。

113 加盐易剥蛋壳

煮蛋时如果加入少量食盐，煮熟后就能够很容易剥掉蛋壳。

114 炒蛋细嫩柔滑法

打蛋时无须太用力，要慢慢用筷子搅拌，否则蛋汁易起泡从而失去原有的弹性。当蛋汁倒入锅内时，切忌急着搅动，如蛋汁煮开冒泡，拿筷子戳破气泡，除去里面的空气，这样蛋不会变硬。此法炒蛋细嫩柔滑。

115 煎蛋防粘锅法

先把锅烧热，加适量油，再用中火煎蛋，就可防止粘锅。

116 煮奶防溢法

在煮牛奶的时候，滴几滴清水在锅盖上，当这些清水快要蒸干的时候，将锅盖揭开，奶就不会再溢出来了。

117 用酒蒸米饭更香

蒸米饭时滴几滴酒，可使米饭更香。若蒸出的米饭夹生，可将米饭铲散后，放入 2 汤匙黄酒或米酒，再稍蒸一会儿即可消除夹生。

118 煮豆粥技巧

煮豆粥既费时也费火，可先将500克或稍多一些的如芸豆、红小豆、豇豆等一次性煮熟，拿漏勺捞出后放凉，分为若干份装进食品袋或是其他容器内，放进冰箱冷冻室内储存，待用时拿一份放进将要煮熟的米粥里，再煮几分钟即可做成一锅香喷喷的豆粥。

119 做鲜汤的小窍门

蔬菜汤：烧开水后再放蔬菜，则汤味鲜，色泽好，维生素损失少。

肉汤：肉放入冷水中，务必以文火烹煮，汤才更为鲜美。

鱼汤：加入几滴啤酒或牛奶，鱼汤更加白嫩鲜美。

鸡汤：鸡经水滚后再下锅，若是腌过的鸡，就要冷水下锅。

做汤不宜过早放盐和酱油，尤其是骨头汤、肉汤，否则会使肉类收缩，鲜味难以溢出。

汤太咸而不可兑水时，放入几块豆腐即可减轻咸味。或者放入几片西红柿也可减少咸味。

做汤加适量淀粉，可使维生素少受损失。

肉汤鲜美的窍门：炖肉时加入几片鲜橘皮，汤鲜味美，减少油腻之感。

汤过腻，可把少量紫菜放在火上烤一下，再撒入汤内。

做鱼或肉丸之类的汤，要等水沸后再下水煮，而且要盖上盖子，使其鲜嫩。

120 猪肚防缩防硬法

猪肚煮好后先切成条或块后放入碗内，再加点汤水蒸。这样厚度一般都会增加一倍，也就非常香软好吃。煮时一定不要放盐，不然会像牛筋一样硬，影响口感，应在蒸好后再放些盐。

121 汆丸子不散妙招

将精瘦肉加工剁细，每500克肉加入2个鸡蛋，放进葱末、姜末、食盐、味精、化开的淀粉后，再将100克水分成3次倒入其中，同时用筷子快速顺一个方向搅动，使之混为一体。把水烧至30℃～40℃时，用小匙把肉馅一下一下划到锅里，每划一次都将匙蘸一次水，水开后放菜叶，此法做成的汆丸子，整齐美观且味道鲜美。

122 烹制蛋类菜肴的窍门

加点醋和盐煮蛋可防止蛋壳

裂开。

加几滴白酒或醋炒鸡蛋、鸭蛋，炒出来的蛋色泽鲜嫩，松香可口，且有海鲜味道。

烧炖、清蒸整鸡前，将鸡的腿节拍断，胸脯拍塌，可使肉烧好后自动脱骨。

把刀在热水中浸一下再切蛋，切出的蛋黄会很整齐。

炒鸡蛋先放葱花。把葱花放在油锅内煸炒后，倒入调好的蛋液，再翻炒几下即可出锅，此法炒出的蛋滑嫩鲜香。

在煎荷包蛋时，往蛋的四周洒上几滴热水，蛋特别鲜嫩。

123 炖鸡加米更鲜美

在纱布袋内装入一些大米粒，放入锅内和鸡一起炖，可使鸡肉的味道更为鲜美。

124 食物存储的窍门

(1) 生鲜肉。生鲜肉需要低温冷冻保存，储存温度以 −18℃ ~−10℃ 为宜。储藏期一般不应超过半年。

(2) 蔬菜水果。储存蔬菜最好不要洗，存放不宜过久。存放时，应在 0℃ ~ 4℃ 的低温下保存。

水果存放时应将热带水果和温带水果区别对待，温带水果如苹果、梨等可在冰箱中保存，但热带水果不能在冰箱中保存，以防发生冻伤，可在稍低于水果的生长温度下储藏。

(3) 剩饭剩菜。剩饭剩菜储藏时，要先用保鲜膜封好后再放入冰箱中存放。冷藏时要注意生熟分开存放，在不能分开时，也要将熟食或剩饭剩菜放在上面，存放的顺序从上到下依次为剩饭、剩素菜、荤菜、生菜。

125 食品保存食用最佳温度

肉类：2℃ ~5℃ 以下冷藏可贮存 7 天。

鲜鱼：3℃ ~18℃ 是最佳保存温度，在此温度下鲜鱼保鲜可达半年之久。

速冻肉的溶解：最佳解冻温度为 3℃ ~18℃，在此温度下冻肉在空气解冻，可保肉味不变。

鱼类解冻：鱼类解冻需要放在温度为 40℃ ~50℃，浓度为 4%~5% 的食盐水中，此时鱼类的肌肉组织会很好地复原，味道也不错。

瓶装啤酒和桶装啤酒：10℃ ~25℃ 适宜保存瓶装啤酒，0℃ ~15℃ 适宜保存桶装啤酒。

鲜牛奶：2℃ ~4℃ 是最佳的冷藏时间。

奶粉冲饮：奶粉冲饮最好用开水，温度在 45℃ 左右，不宜太高，由于奶粉容易溶解，会有结块状出现。

粮食：8℃～15℃是最佳贮粮温度，而且可防虫。

酒类：5℃～20℃是最佳贮酒温度，并且不容易变质和产生沉淀，酒也比较清。

蜂蜜：为了保证营养全面，冲饮蜂蜜需用40℃～60℃的开水。

茶叶：为了防止品质劣变以及保护维生素，茶叶需要在－20℃温度以下冷藏。

鸡蛋：为了保证鸡蛋不会变质，最好将鸡蛋的贮存温度控制在15℃以下。

土豆：2℃～4℃是最佳的贮存温度，如果温度太高，土豆便会发芽，从而影响正常食用。

月饼：15℃～18℃是最佳的贮存温度，这样可保持月饼色、香、味俱全。

126 冷藏各种食物的技巧

为了更好地发挥冰箱的作用，在进行食物储存前，了解一些用冰箱储存食物的常识，会提高冰箱的利用率。

(1) 用喷雾器将要保存的芹菜和菠菜上水，然后装进塑料袋中，再在塑料袋的底部剪出几个洞，便可以放进冰箱里了。

(2) 用塑料袋包好姜，然后放在冰箱的货架上吊挂，如此放置生姜可防腐。

(3) 浇点水在可口可乐瓶子和啤酒瓶上，置于冰箱中只需冷藏40分钟便可以冰好，如果不浇水的话，需要2个小时才能冰好。

(4) 切成两半的瓜果在其切面上用薄纸贴敷上，再放置于冰箱里冷藏，不用过多长时间便会冷却，而瓜果的香味不会受到影响。

(5) 如果用冰箱贮存面包，面包很容易变干，可以用洁净的塑料纸将面包包起来再用冰箱冷藏即可保持水分不散失。

(6) 剩余的食物切忌放在开启的罐头中，以免铅外泄，污染其他食物。

(7) 最好用密封容器将果汁盛装起来，以此来保存维生素C不受破坏。

(8) 用纸盒盛装鸡蛋，可防止冰箱中的臭味被蛋壳上的孔吸收。

127 冷藏食品防串味的技巧

食品在放入冰箱前，应该区分生、熟食品，要先放进容器内，比如带盖的瓷缸、塑料袋或饭盒等等，然后再放入冰箱中冷藏。对于带腥味的食物比如鱼、肉等要先清理干净，擦干后再装进食品专用塑料袋中，把袋口扎紧，然后放进冰箱中冷藏。这样保存食物，不但可以防止食物间气味互串，可以防止食物中的水分挥发，而且可以保持食物特有的风味。

128 海带吸湿存米

海带晒干后，有很强的吸湿能力，且有杀虫和抵制霉变的功能。在存放大米的时候，可在大米里放10% 左右的干燥海带，由海带把大米外表的水分吸干，这样，大米的水分都被海带吸去了，就能有效地防止大米变质或生虫。应每星期将米中的海带取出来晒干，然后再放到米中。

129 大蒜辣椒存米

将大蒜的皮去掉后与大米混合装入袋中，或者把蒜粒拆散、辣椒掰成两段与大米共存，即可起到驱蛾、杀虫、灭菌的效果。

130 花椒存米

将花椒放入锅内煮（水适量、20 粒花椒），晾凉后，将布袋浸泡在花椒水里，晾干后，倒入大米，再用纱布将花椒包起来，分放在米的底、中、上部，将袋口扎紧，放

在通风阴凉处，既能驱虫、鼠，又能防米霉变，使米能安全过夏。

131 八角茴香防米生虫

按 1 ∶ 100 的比例取八角茴香，用纱布把八角茴香包成若干个小包，每层大米放 2~3 包，加盖封紧。

132 橘皮防米生虫

把吃剩的柑橘皮放在存米的袋中或柜子里，粮食便可免遭飞蛾、黑甲虫和肉虫的骚扰了。

133 用生姜除米虫

把新鲜的生姜丢在米缸内，浓烈的生姜味可驱散米虫。

134 存剩面条

用凉水把剩余的面条过一下，再加入香油搅拌均匀，置于冰箱中冷藏，这样面条便会分散开来，不会粘到一起，下次食用时，只需稍加调料，便可做成爽口的凉面了。

135 用芹菜保鲜面包

面包打开袋以后很容易变干，若把一根芹菜用清水洗干净后，装

进面包袋里，将袋口扎上后再放入冰箱，可保鲜存味。

136 防饼干受潮

在已开封的饼干袋中，放入几块方糖，把口扎紧，即可防止饼干受潮。

137 妙存花生米

在入伏以前，将花生米盛装在盆里，在上面喷洒白酒，同时用筷子搅匀，直至浸湿所有的花生米红皮，然后用容器保存。每 100 克花生米需喷洒 25 克白酒。年年用此法就能吃到夏后的花生，而且不生虫，不影响味道。

138 防食盐受潮变苦

食盐易受潮变苦，可将食盐放在锅里炒一下，也可将一小茶匙淀粉倒进盐罐里与盐混合在一起，这样，食盐就不会受潮，味道也不会变苦了。

139 存开罐番茄酱

可将盐撒在番茄酱上面，再倒些食油，置于冰箱中冷藏，这样番茄酱就不会生霉变质，而且能长期保存。

140 用混合液储存鲜果

将淀粉、蛋清、动物油混合成的液体，均匀地在新鲜水果表面涂抹上一层，待液体干燥后，会形成一层保护膜，阻隔水果的呼吸作用，从而延长水果的保存时间。

141 蔬菜保鲜法

将买回来的蔬菜稍稍晾干后，去掉枯黄腐烂的叶子，将新鲜的蔬菜整齐地放在干净的塑料袋里，把袋口扎紧，放在通风阴凉处，这样保存的蔬菜，两天左右不会枯萎、变黄。也可以用报纸来保存蔬菜：用报纸将蔬菜包好后，根朝下，放在塑料袋内即可，用这种方法也可使蔬菜在较长时间内不会枯萎、变黄。

142 蔬菜需要垂直放

研究发现，蔬菜在采收后，相对于水平放，垂直放置更便于蔬菜营养成分的保存。这种现象原因在于垂直放的蔬菜，其内含有的叶绿素要多于水平放的蔬菜，并且时间越久，两者差异会愈大，叶绿素中含有造血成分，可以为人体提供很好的营养元素，并且垂直放的蔬菜保存期也要比水平放的要长，蔬菜的保存期延长了，人们食用起来也会有很大益处。

143 带叶蔬菜保鲜法

首先要将洗净的新鲜蔬菜比如菠菜、油菜、韭菜等控掉水分，然后用洁净屉布包装起来，以包两三层为宜，然后放进冰箱冷冻保存。食用时适量取出便可，剩余的仍旧包好放回继续保存。这样方法可保鲜 5~7 天，不但方便，保鲜效果也很好。

144 用白菜保鲜香菜

可将香菜包入新鲜大白菜叶或其他青菜里面，如果直接压放在大白菜堆里面，保鲜效果更佳，可存20 天到 1 个月。

145 菠菜分食可保鲜

把菠菜的叶和茎分开，分别食用可防止菠菜变蔫。可先吃菠菜叶，用塑料袋将茎包严入冰箱冷藏，这样处理后可以保鲜 10 天。别的有茎叶的蔬菜也能用这种方法保鲜。

146 锅蒸保存豆腐

将洗好的豆腐，放入锅中短时间煮或蒸一下，注意不要煮久，然后放在阴凉通风的地方。

147 用白菜叶存新鲜大蒜头

将大蒜用新鲜白菜叶包好，用绳子捆好后放置于通风阴凉处，保持干燥，此法可保鲜数天。

148 用白酒"醉"活鱼

买回活鱼想留到傍晚时，可滴几滴白酒在活鱼嘴里。当活鱼"醉"后，便可把它放回水中，再将它们放在黑暗潮湿且通风的地方，这样，在傍晚想食用时，鱼仍活着。

149 用可乐瓶保鲜鱼

找一个大可乐瓶装入半瓶水，将瓶口封住后快速摇动，这样便会产生大量气体，气体会融入水中，将这些水倒进鱼盆中，盆内便会充满充足的氧气了，濒死的鱼呼吸到充足的氧气便会鲜活起来，当鱼再次翻白时，只要从盆中倒出一些水，用上述方法再次换水，鱼便会很快活跃起来。

150 刚杀禽鱼等的冷藏

为了保证刚宰杀过的鸡、鸭、鱼等烹调后的鲜味，要先将其洗净后沥干，在冰箱外放置 2 小时后再冷藏。

151 水氽储存鲜虾

在把鲜虾放进冰箱里贮存前，先用油或开水氽一下，处理完后，可使虾体内的显色物质、蛋白质等滞留在细胞里，成为不容易变味的氨基酸分子，这样即可使红色固存，鲜味持久。

152 保存虾米

对于淡质虾米，可将其摊在阳光下晾晒，待完全干后，装入瓶中，保存起来即可。

对于咸质虾米，不能放于阳光下晾晒，可将其摊于阴凉处风干，再装入瓶内。

153 用淀粉盐保鲜虾仁

将虾仁的皮剥掉后，放入清水中，用几根筷子将其顺着同一方向搅打，反复换水，直至虾仁发白。然后再把虾仁捞出来，将水分控干，再用干净的棉布将虾仁中的水分吸干，并加入少许干淀粉和食盐（也可同时放少量料酒），再顺着同一方向搅打数分钟。经过这样处理的虾仁，可以更好地贮存待用。

154 用大蒜贮存虾皮

用淡水将新鲜的虾皮洗干净后，捞出来沥干，然后将其均匀地放在木板上晾晒，待完全干后，贮藏起来，并加几瓣大蒜，密封起来贮存即可。用此法贮存虾皮其味美如初。

155 存养活蟹方法

新买回来的活蟹，若想放几天再吃，可将其放在大口坛、瓮等器皿里，在底部铺一层泥，稍稍放些水，然后把蟹放进器皿里，放于阴凉处即可。若器皿比较浅，要加一个透气的盖在上面，以防蟹逃走。

156 加盐可使蛤存活数天

要想使买回来的蛤几天不死，在烹调的时候还保持着新鲜，可在养殖蛤的清水里加些食盐，盐的量一定要达到海水的咸度，蛤在这种跟海水咸度差不多的水中生活，可存活数日。

157 用蒜葱贮存海味干货

取一只干净陶罐，将大蒜和大葱剥好后一起铺在罐底。然后，把海味干货放入罐内，再在它上面码一层葱叶，将盖盖严，可长期保存。

158 盐贮存鲜肉

将肉切成大小均为 1 厘米左右厚的片状，用沸水烫一遍，等肉凉后，在其两面涂上食盐，然后放进容器里，再用一块干净的纱网将容器口封住，放于阴凉处，约一天后鲜肉里即会渗出水分，采用此法，在盛夏鲜肉也可保存 20 天左右不变质。

159 涂油保存鲜肝

猪肝、牛肝、羊肝等由于块头比较大，家庭烹调时一次吃不完，若放置不好，食用不完的鲜肝就会变干、变色。此时，可以在鲜肝的外面涂一层油，放进冰箱里贮存，下次再食用的时候，鲜肝便会仍然保持着原来的鲜嫩。

160 用食油存火腿

火腿若保存不当，就会变质、走油。其保存方法是：在火腿表面擦抹一层食用油，然后装进不漏气的干净食品袋里，将袋口扎紧，放入冰箱内。这样，即可长时间保存不变质。也可将其切成大的条块，分别放进盛器里，用食油将火腿完全浸没，如此可保存更长时间。

161 速烫贮藏鲜蛋

将鸡蛋放进沸水中浸烫半分钟，晾干后密封起来，可保存数月不坏。

162 抹油贮藏鲜蛋

蛋类特别不容易保存，尤其在夏天，极易腐败、变质。若将食用油均匀地涂抹在蛋壳上，即可防止蛋内的水分和碳酸蒸发，阻止外部的细菌侵入蛋内。若涂上一层石蜡或凡士林在蛋壳上，也可阻止细菌的进入。

163 豆类贮藏鲜蛋

在盛器的底层，铺上约 7 厘

米厚的清洁豆类，放上一层蛋（大头需向上放着），再铺上一层豆子，可贮存几个月。

164 防止开封奶粉变质

奶粉开封以后不易保存。简单的办法就是取一点脱脂棉，沾上一些白酒，塞在奶粉袋子的开口处，并用绳子连同棉花一起扎紧。

165 用倒立法保鲜饮料

生活中常常遇到这样的问题，喝不完的可乐、雪碧、橙汁等如果开启后喝不完，即使把瓶盖（大塑料螺旋瓶口）拧紧了，气体还会从瓶中逃掉，使得饮料口感变差。若拧紧瓶盖后让瓶盖头朝下保存，保鲜时间会变长。

166 家庭存葡萄酒

要想贮存好葡萄酒，适当的贮藏场所是关键，一般温度为10℃~14℃，湿度保持于70%，专业酒窖便是如此。不过一般家庭，只要选择隔光、隔热效果好的保丽龙纸箱或瓦楞纸纸箱用来装酒，并将其放在通风阴凉并且温度比较稳定的地方便可，这样酒的保存期也比较长。

一般情况下，白葡萄酒的保质期为6个月，红葡萄酒保质期为2年。开了瓶但没有喝完的酒，将其换至小瓶中最经济实用了，并且这样瓶中不易存住空气，这样剩余的酒便又可保存一段时间了。

地点对于保存酒来说比较重要，摆酒的方式也很关键。葡萄酒一定得横着摆放，这样的好处是便于沉淀酒渣，而且酒液也能润湿软木塞，软木塞便可以保持湿润，能紧紧地塞住瓶口，密封比较好。

167 药酒贮存

（1）用清水将容器洗净，然后用开水将容器煮沸消毒，方可用来配制药酒。

（2）家庭配好的药酒应及时装进颈口较细的玻璃瓶中（也可装进其他有盖的容器中），并将口密封。

（3）家庭自制好的药酒应贴上标签，并注明药酒的名称、配制时间、作用及用量等内容。

（4）药酒应存放在10℃~25℃的常温下，不能与煤油、汽油及有刺激性气味的物品存放在一块。

（5）夏季不能把药酒贮存在阳光直射的地方。

168 绿茶回潮的处理

受潮后的绿茶不能放在太阳下

进行暴晒晾干。这是由于，经过阳光照射的绿茶，随着温度升高，茶的内含物质会进行强烈的光化反应，色素、酯类、酚类等化学成分都会发生变化，从而变得茶汤棕红，味道苦涩，而且有一股很难闻的日晒味，这样便失去了绿茶原先的鲜爽味道，使得茶叶加快了陈化，尤其是高档绿茶的变化更加明显。由此，茶叶受潮后一定不能在阳光下晾晒复干，而应该用焙笼烘焙或用锅炒干。并且注意温度需控制在40℃左右。

169 蜂蜜贮存用生姜

蜂蜜在比较干的季节要开口存放，而在多雨的季节则要密封保存。在贮存蜂蜜的时候，可以按照在1000克蜂蜜里加两小片姜的比例，密封起来后，放在阴凉处，即能保持很长时间不变味。

170 还原结晶蜂蜜

长时间放置的蜂蜜由于析出很多结晶糖，从而颜色变白，黏稠，不方便食用。这时，可用瓶子装好蜂蜜置于冷水锅或有冷水的蒸屉中，可煮可蒸，出现热逸便可以取出，慢慢冷却，这样处理过的蜂蜜便还原如初了。

171 储藏白糖防蚂蚁

食糖的罐子非常容易爬入蚂蚁，但是如果将几根橡皮筋套在罐子上，蚂蚁因为讨厌橡胶的气味就不会碰糖罐子了。

172 解白糖结块

绵白糖放在普通的糖罐里易受潮粘连成块，粘连的白糖不方便食用。可将小块苹果放在糖罐里，盖紧瓶盖，然后放到冰箱里，一两天后白糖即可恢复原来松软的样子。

173 清洗蔬菜的一般方法

由于农民在种菜时常常使用农药和化肥，为了除去残留的农药，可使用淡盐水(1%~3%)洗涤蔬菜，这种方法效果良好。此外，秋天的蔬菜容易生虫，虫子喜欢躲在菜根或菜叶的褶纹里。用淡盐水将菜泡一泡，可除去虫子。在冰箱中贮存时间较长的菜容易发蔫，可在清水中滴三五滴食醋，将菜泡五六分钟后再洗净，这样可使蔬菜回鲜。

174 剥芋头皮的小技巧

芋头皮刮破后，会流出乳白的

汁液，这种汁有强刺激性，手沾上会很痒。刮芋头前，将芋头放热水中烫一烫，或在火上烘烘手，这样即使不小心手沾上汁液也不痒。

175 温水泡蒜易去皮

"夏天常吃蒜，身体倍儿棒"，但剥蒜皮很费事。把大蒜掰成小瓣，在温水中泡一段时间，待蒜皮软了，就易剥去了。

176 发笋干小技巧

涨发笋干的时间较长，程序较为复杂。涨发的具体方法是：将笋干放入加满水的锅中，煮大约 20 分钟后，用小火焖数分钟，然后取出，洗净，弃除老根，再泡于清水或者石灰水中备用，吃不完剩下的涨发笋干，可每隔 2~3 天换次水。冬笋还可制成玉兰片。先用开水泡约 10 小时，后用文火煮十多分钟，再用淘米水浸泡，需要换水数次，浸泡约 10 小时，直至横切开无白茬。淘米水泡发的玉兰片色泽鲜白，质感非常好。

177 剥橙子皮

剥橙子皮时往往需拿刀切成 4 瓣，可这样会让橙子的汁损失掉。

可将橙子放在桌上，用手掌揉，或是用两个手掌一起揉，1 分钟左右之后，皮就好剥了。

178 洗草莓

用清水洗净草莓，再放入盐水中浸泡 5 分钟，然后用清水冲去咸味就可食用。此法既可杀菌，也可保鲜。

179 除去大米中的砂粒

可用淘金原理来淘米。方法为：取大小两只盆，大盆中加进半盆多的清水，把米放进小盆，然后连盆浸到大盆的水中；再来回地摇动小盆，不时将悬浮状态的米及水倒入大盆内，无须倒净，也不必提起小盆；这样反复多次后，小盆的底部就只剩少量的米和砂粒了；若掌握得好，即可全部淘出大米，小盆底则只剩下砂粒。

180 杀黄鳝的小技巧

黄鳝较难宰杀。把洗过的黄鳝盛在容器内，倒入一小杯白酒，注意：酒的度数不要过低，黄鳝便会发出猪崽吃奶似的声音。待声音消失后，黄鳝醉而不死，此时即可以取出宰杀。

水洗，这样洗的咸肉才咸淡适宜。

181 让泥鳅吐泥

泥鳅在清洗前，必须让其全部吐出腹中的泥。将泥鳅放入滴有几滴植物油或一两个辣椒的水中，泥鳅就会很快吐出腹中的泥。

182 切鱼防打滑的小窍门

在鱼的表皮上有一层非常滑的黏液，所以切起来容易打滑，先将鱼放在盐水中浸泡一下再切，便不会打滑了。

183 除虾中污物

虾的味道鲜美，但必须洗净其污物。虾背上有一条黑线，里面是黑褐色的消化残渣，清洗时，剪去头的前部，将胃中的残留物挤出，保留其肝脏。虾煮到半熟后，将外壳剥去，翻出背肌，抽去黑线便可烹调。清洗大的虾可用刀切开背部，直接把黑线取出，清水洗净后烹调。

184 咸肉退盐法

将咸肉用清水洗，难以达到退盐的效果，此法不可取。应将咸肉泡在淡盐水里一会儿，然后再用清

185 小火煎荷包蛋

用小火热油，使其保持完整的形态，外香内熟。

186 旺火炒鸡蛋

用旺火热油，且油量要多，这样可使成菜香软可口。

187 炒绿叶蔬菜用旺火

旺火、热油，下锅后迅速翻炒，断生后即可出锅。

188 炒豆芽用旺火

用旺火热油，不断地翻炒，且边炒边加入些水，可保持豆芽脆嫩。

189 炒土豆丝用旺火

将土豆丝先放在水中洗几次，用旺火热油，不断翻炒，直至土豆丝变成黄色，再加调料，炒几下即成。

190 识别油温的技巧

（1）温油锅，也就是三四成热，

一般油面比较平静，没有青烟和响声，原料下锅后周围产生少量气泡。

（2）热油锅，也就是五六成热，一般油从四周向中间翻动，还有青烟，原料下锅后周围产生大量气泡，没有爆炸声。

（3）旺油锅，也就是七八成热，一般油面比较平静，搅动时会发出响声，并且有大量青烟，原料下锅时候会产生大量气泡，还有轻微爆炸声。

191 怎样炸辣椒油

将干红辣椒切成段，放入碗里，再往炒菜锅内倒进适量的食用油，放在火上烧热，然后把辣椒籽放进锅内炸，炸热后将火关掉，将热油倒进辣椒碗内，同时用勺均匀搅拌即可。关键是要掌握好火候和时间。

192 加热前后调味

在加热前的调味称基本调味，有些原料则需用酱油、盐水等腌渍浸泡，有的则需除去腥膻的气味。在加热时调味称定型调味，其决定菜肴的风味，这也是操作时的重点。在加热后调味称补充调味，其可弥补基本、定型两次调味的不足，比如，炸、涮、蒸烹制菜肴，当加热

时不可以调味，所以可以借助此法增香增味。

193 把握烹调加盐时机

（1）即熟时：在烹制回锅肉、爆肉片、炒白菜、炒芹菜、炒蒜薹时，应在热锅、旺火、油温高的时候将菜下锅，且应以菜下锅即有"噼啪"响声为好，当全部煸炒透时才放适量的盐，这样炒出的菜肴就能够嫩而不老，且养分的损失也较少。

（2）烹调前：在蒸制块肉的时候，因为肉块较厚，而且蒸制的过程中不可再添加进调味品，因此在蒸前须将盐及其他调味品一次性放足。若是烹制香酥鸡鸭、肉丸或鱼丸时，也应该先放盐或是用盐水腌渍。

（3）食用前：在制作凉拌菜，如凉拌黄瓜或是凉拌莴苣时，应在食用之前片刻放盐，且应略加腌渍，然后沥干水分，再放入调味品，这样吃起来才会更觉得脆爽可口。

（4）刚烹时：在烧制鱼与肉时，当肉经过煸，或是鱼经过煎之后，应立即放入盐和调味品，用旺火烧开，然后换用小火煨炖。

（5）烹烂后：在烹制肉汤、鸭汤、鸡汤、骨头汤等荤汤时，应该在其熟烂之后再放盐调味，这样就可以使肉中的蛋白质以及脂肪能较

充分地溶解在汤中，从而使汤更为鲜美。炖豆腐的时候，也应该在熟后放盐，原理与荤汤相同。

194 为婴儿煮烂饭法

出生 6 个月后的婴儿就可吃些烂饭了，但一般都需单独煮。若在做米饭时，等开锅后把火关小，再用小勺在锅中的米饭中部按一个小炕，让锅周围的水可自然地流向中间，这样等米饭熟的时候，中间部分的饭就烂糊了，不用再单做。

195 猪油增白馒头法

揉一小块猪油在发面里，可使馒头洁白、松软、味香。

196 巧吃剩馒头

剩馒头，尤其在冰箱存放几天之后干硬难啃，弃之可惜。可将鸡蛋和面粉加水，搅匀成稀粥状，然后将馒头切成片，浸泡 5~10 分钟，再用油炸，待稍黄即可出锅。这样的馒头口感不硬，味道也可以。若是 3 个馒头，则需 3 个鸡蛋、150克面粉，以及少许细盐和五香粉，拌匀后加水，以浸没馒头片为宜。

197 面包回软妙招

用原来的包装蜡纸把干面包包好，把几张纸用水浸透，摞在一起，包在其外层，装入塑料袋，过一会儿，面包就软了。倒温开水入蒸锅，再放点醋，把干面包放在屉上，盖严锅盖稍蒸一下，面包就软了。在饼干桶底放一层梨，上面放上面包，盖严盖，饼干桶内的食品可保持较长时间恒定温度。

198 在饺子面中加鸡蛋

包饺子时，若在每 500 克的面中加入一个鸡蛋，面就会不"较劲"，易捏合；且饺子下锅后可不"乱汤"；出锅凉后饺子也不会"坨"。不仅口感好，还增加营养。

199 炒菜防变黄妙法

绿叶蔬菜烹调时必须用旺火，先将炒锅烧热，放油后烧至冒烟，将菜放入，旺火炒几分钟后，加味精、盐等调料，炒透后立即起锅，这样方可避免菜色变黄。

200 豆芽豆腥味除法

食醋去豆腥：炒豆芽时，放食

醋少许，就可去掉其豆腥味了。

黄油去豆腥：烧豆芽菜时，要先加点黄油，然后再加盐，就可去掉豆腥味了。

黄酒去豆腥：拌豆芽时，加点黄酒后再放点醋，拌好的豆芽就无豆腥味。

201 烹调豆腐不碎法一

有些在市场上购买的豆腐，质量差，上锅炒时很容易把它炒成碎渣。若想使它不碎，可以先将豆腐用开水煮一会，然后再上锅炒，这样就可以让它不碎了。

202 烹调豆腐不碎法二

豆腐烹调容易破碎。若将豆腐浸于盐水中 20~30 分钟再进行烹制，就可防止破碎。

203 腌菜脆嫩法

在腌菜的时候，按照菜的分量加入 0.1% 左右的碱，即可使叶绿素不受到损坏，使咸菜的颜色保持鲜绿。也可按照菜的分量加入 0.5% 左右的石灰，即可使蔬菜里面的果胶不被分解，这样腌出来的咸菜又嫩又脆。但是石灰不能放得太多，不然会使菜坚韧而不脆。

204 涩柿子快速促熟法

将涩柿子放入冰箱冷冻室，柿子冻透时或是一天后再取出，然后放进冷水中泡或是置于暖气片上、阳台上化冻之后，即可食用。

205 如何炖鱼入味

可以在鱼的身上划上刀纹。在烹调前将其腌渍，使鱼肉入味后再烹，这种方法适于清蒸。可通过炸煎或别的方式，先排除鱼身上的一部分水分，并且使得鱼的表皮毛糙，让调料较容易渗入其中，这样烹煮出的鱼会更加有味。

206 "熏"鱼技巧

将鱼块放入烧热的油锅，炸至外脆里嫩后捞出。与此同时，旺火烧热另一锅，放入各种调味和汤料烹制，至卤味浓后出锅装盘，趁热放入炸好的鱼块，用筷翻动，使鱼充分吸收卤味，然后取出装盘。

207 如何吃虾头

将海虾头上的须和刺剪掉，洗净后放到已加入适量盐的干面粉当中（不能用湿面粉或蛋液），将其轻轻裹上薄薄的一层干面粉。在锅中倒进适量油，待八九成熟后，将虾头倒到油里炸熟。稍凉后，鲜、香、脆、酥的炸虾头的味道比炸整虾更好，也可帮人体补钙。

208 如何炖牛肉烂得快

在炖牛肉的前一天晚上，可在肉面之上涂一层干芥末。在煮前把干芥末用冷水冲净。这样煮出的牛肉不仅熟得快，而且肉质十分鲜嫩。若在煮时加入一些酒或醋，那么肉就更容易煮烂了。

三　居住

① 春季装修有效防潮

如果家居装修在 4~5 月份进行，那么，首先应使用温度计进行木材湿度检验。木材买回后需在屋内搁置 2~3 天，待与地气互相适应后再施工，这样木材就基本不会变形。

春天气候潮热，刷上的油漆不易干，而且油漆在吸收了空气中的水分以后，还会产生雾面。这种情况下，一般要使用吹干剂，以加快油漆干燥。另外，墙面所用的乳胶漆由于干燥速度变慢，在潮热气候中易发霉、变味。此时可以采取施工后用抽湿机抽湿的办法，彻底抽走空气里的水分。

春季装修完毕后，气味不易散出，人们若在此时入住，会影响身体健康。因此，装修后应该在室内多摆放一些绿色植物，因为植物的光合作用能够去除异味。也可以在室内放 2~3 个香蕉、橙子或者柠檬，这些水果都能快速去味。

② 夏季装修 4 项注意

(1) 注意材料的堆放与保管。

千万不要犯急于求成的错误，把刚油漆好的家具或半成品木材及木地板在阳光中暴晒，因为这样做容易使材料变形、开裂，从而使施工质量受到影响。应该把它们放到通风干燥处，使之自然风干。

(2) 注意处理好饰面基层。特别是处理墙面、粘贴地砖或瓷砖之前，饰面底层不能过于干燥。施工之前，一般应先泼上水使之充分吸收约半小时，然后采用水泥砂浆或石膏粉打底，这样才能粘贴牢固。

(3) 注意善后的保养。水泥地或 107 胶地，或者是水泥屋面在施工完毕后，应在 3~5 天内每天泼水保养，防止开裂。

(4) 注意化工制品的正确使用。施工之前，必须详细了解胶水、油漆、粘贴剂等化工制品的相关说明，并依据说明书规定的温度、环境施工，从而使化工制品的质量稳定性得到保证。

③ 秋季装修有效保湿

秋季干燥的气候，涂料易干，木质板材不容易返潮。不过正因如此，保湿应是秋季装修的重要注意事项。

过干的秋季气候很可能导致木材表面干裂并出现裂缝。因此，木材买回后应该尽快做好表面的封油处理，从而避免风干。特别是实木板材和高档饰面板更应多加小心，因为风干、开裂会使装饰效果受到影响。

4 冬季装修有效防毒

冬天寒冷的气候，使得工人们在施工时往往紧闭门窗，殊不知此举虽保暖，却极容易出现中毒现象。现在装修虽然都提倡使用绿色环保材料，但是，在装修时，特别是用胶类产品铺地板、贴瓷砖、涂刷防水层、给壁柜刷漆时，仍然会挥发出大量甲醛、苯类等危害人体健康的物质。因此，在装修时切记开窗、开门，让这些有毒气体散发出去。

5 家居装修有效防噪

降噪声处理在室内装修中是必不可少的。以下是几种预防室内噪声的有效方法：

（1）玻璃窗选用双层隔声型。

（2）选用钢门。因为镀锌钢门的中间层为空气，能够有效隔声，使得室内外的声音很难透过门传送。另外，钢门四周贴有胶边，这样钢门与门身相碰撞时就不会产生噪声。

（3）多用布艺等软性装饰。因为布艺类产品能有效吸收噪声。

（4）居室内各个房间具有不同的功能，装修时要注意相互之间的封闭，并且墙壁不应该太光滑。

（5）多选用木制家具。由于木质纤维的多孔性，木制家具能起到良好的吸音作用。

6 家居植物的摆放

（1）正门入口：居室门口，进出频率最高，放在门口的植物不能阻塞进出，宜摆放直立性花卉。不至于干扰视线。

（2）客厅：客厅是一家人聚会或待客的场所，适宜摆放小巧点的植物，花卉数量品种也不宜太多，用几株来点缀就行。

（3）客厅和其他房间：可拿植物来做间隔，比如吊兰、常青藤等，感觉就像绿色窗帘，很自然。

（4）卧室：很多人都喜欢不加选择地把植物摆放在卧室，这是不对的。因在夜间，植物的光合作用受抑制，有些植物吸收的是氧气，呼出的是二氧化碳，如放在卧室中，对人体是不利的，时间久了，会对身体造成伤害，所以，卧室摆放的植物要有选择性，适宜摆放如文竹、芦荟、水仙、山百合等小型植物，不置悬吊植物。

（5）书房：读书、办公一般都在书房，因此植物不能太多，免得干扰视线。书桌上最适合摆上盆万年青，书架上适宜摆放悬吊植物，这样能显示出书房清幽、高雅的品位。

（6）厨房：厨房里温度变化大，适宜选实用性强的植物，也可挂些葱或小辣椒来装饰墙壁。

（7）卫生间：阴暗、潮湿是卫生间的特点，所以适宜摆蕨类植物，且最好把植物挂起来，以免被水淹。植物挂得越高越好。

7 不适合卧室摆放的花木

（1）百合花、兰花。它们的香气太浓，能刺激人的神经，使神经兴奋，从而导致失眠。

（2）月季花。其发出的浓郁香味，让人有憋气、胸闷不适、呼吸困难等感觉。

（3）松柏类花木。其散发的香味能刺激人的肠胃，不但影响食欲，而且使孕妇有恶心呕吐、心烦意乱感。

（4）洋绣球花。其散发的微粒，一旦与人体接触，可能导致皮肤过敏。

（5）夜来香。在晚上，夜来香散发的微粒能刺激人的嗅觉，久闻，将使心脏病或高血压患者有郁闷不适、头晕目眩的感觉，严重者能加重病情。

（6）郁金香。其花朵里含有毒碱，长久接触，将会导致毛发脱落。

（7）夹竹桃。夹竹桃能分泌出乳白色的液体，接触过长，能使人中毒，引起智力下降、精力不振的症状。

8 给花卉灭虫

发生虫害后的花卉，除了用杀虫剂，也可用一些日用品进行杀虫，效果极好，灭虫的窍门有以下几点：

（1）喷洒烟草水。取 40 克的烟末放进 1000 毫升的清水中浸入 2 天，把烟末过滤出，再次使用时再加入 1 : 10 的清水，就可以喷洒盆土和其周围，预防线虫。也能在花土表面均匀地洒上香烟灰，这样烟灰里的有毒物就可以把盆土中的虫子杀灭，又可以作为激素和肥料。

（2）喷洗衣粉液。先取 34 克洗衣粉，再兑 1000 毫升水，搅拌成溶液，在螨虫等害虫周围处喷洒，连续喷 2~3 次，就能防治，防治害虫的效果非常好。

（3）喷草木灰水。先取 300~400 毫克草木灰，在 1000 毫升的清水中浸泡 2 天，过滤液就可用来喷洒受害的花木，其防治虫害的效果显著。

（4）啤酒。啤酒是对付蜗牛有效而价廉的一种药物。可将啤酒倒进小盘内，再放在花卉的土壤上，蜗牛就会被吸引到盘中而被淹死。

（5）喷葱液。首先取鲜葱20克切碎，然后在1000毫升清水中浸泡一天，待滤清后就能用来喷洒，1日可多次，连续用3~4天，害虫就会被杀死。

（6）喷蒜汁液。先把20~30克大蒜捣碎，再滤出汁液，然后兑2000毫升清水，进行稀释后，就能喷洒于受虫害花木上，用这种方法灭虫、驱虫效果也非常好。

9 用牛奶治壁虱虫

家庭花卉的一大害虫是壁虱，这种小小的害虫会使枝叶皮色变得枯萎，可先把1/6的全脂牛奶和面粉，在适量的清水中混合，待搅拌均匀后再用纱布过滤，然后再把过滤出的液体喷洒于花卉的枝叶上，即可起到把大部分壁虱和虫卵杀死的效果。

10 用陈醋治叶枯黄

栀子花和杜鹃花喜欢酸性的土壤，常用硬水浇灌会使泥土中石灰含量不断增加，从而引起花卉叶面出现逐渐发黄枯萎的现象。可用2匙陈醋和1升水兑制成溶液，在花卉的周围每隔15天浇1次，能有效防治叶面发黄，预防枯萎现象的发生。

11 花肥自制方法

培育花卉所需要的花肥是完全可以自制的，方法如下：

（1）氮肥。氮肥可以促进花卉的根茎、枝叶等的生长。把花生、豆子和芝麻等已经过期的食品放入花盆中，发酵以后，就成为很好的氮肥。

（2）磷肥。其作用是增强花卉的色彩，有利于果实变得饱满。将杂骨、蛋壳、鱼骨、鳞片、毛发等埋入花盆中，就是极佳的磷肥。

（3）钾肥。它的作用是防止病虫害。将茶叶水、洗米水还有洗奶瓶水以及烟灰等倒入花盆，就是很好的钾肥。施肥前，将花卉所需肥料按比例配成肥液，用医用空针筒按不同花卉的施用量，注入盆中。可在盆边分几个点进行以便均匀。这种方法很卫生，也很适合在阳台上使用。

12 去花肥臭味

因为一部分自制的肥料是用鱼

骨、杂骨、马蹄、豆子等发酵制出来的，所以经常会有一股臭味，而且不易散去。为了清除臭味，可以将几块橘皮放入花肥水内，这样就可除掉花肥的臭味，如时间过长可再放入一些橘子皮。用这种方法制出的植物肥料，非但不会降低肥效，还能有效去除花肥中的臭味、异味，并且由于橘子皮里含有大量香精油，发酵后会变为更好的植物肥料。

13 变质奶浇花

当牛奶变质后，可以加些水来浇花，这样，对花儿的生长有益，兑水应多些，使牛奶比较稀释才好。没有发酵的牛奶，不宜浇花。因为它发酵的时候，所产生的大量热量，会"烧"根（即烂根）。

14 用酸性水养花

自制的酸性水可以在居家花卉培育中派上用场，可借鉴下列几种方法制备并使用。

（1）用醋兑水（1份醋兑250~300份水）喷洒花木，这样能使枝叶发绿变亮。还应注意防止醋酸蒸发，应在早晚时间喷洒。

（2）夏季用西瓜皮（橘子皮也可）加水泡7~10天，其他季节可泡20~30天。这种水不但呈微酸性，而且含有磷、钾、氢、钙等营养元素。

（3）水中加入食用柠檬酸（适量），同样可使水变为微酸性。

（4）将松柏叶或青草切小段放入用塑料薄膜密封的水缸沤制，捞出发酵后的残渣，浇灌花木用其上清液，效果极好。

（5）经沤制发酵后的淘米水，不但呈微酸性，并且含有微量元素和丰富的氮、磷，是用来浇灌花木的优质酸性水。

（6）雨水和雪水接近中性，属于很容易被花木吸收的软水。花木用雨水浇生命力最强、生长最旺盛。

（7）将浓度为0.2%~0.3%的硫酸亚铁配制成水溶液，向花卉株体喷三四次即能有效防治缺铁性黄化症。现用现兑，浓度不宜过高，不然会造成苗木中毒的现象。

（8）将14克磷酸二氢钾兑约1升水可配制成中性水或微酸性水。用此液喷洒浇灌，有利于开花孕蕾。

（9）用浓度为0.1%~0.2%的硼酸兑水配制成水溶液，喷洒植株，不但能使花木正常生长，还能保花保果。

（10）将浓度为1%的明矾溶液兑水，搅动使之均匀混合，能使水呈微酸性，净化水质，又可使杂物沉淀在水底，起到一举两得的效果。

15 粉刷墙面的六大关键

（1）新刷的纸筋灰墙的外层石灰必须完全干燥，然后才能进行粉刷，不然会导致墙面出现花斑，从而影响美化和效果。

（2）粉刷墙面时，必须对石灰浆、液不断搅拌，否则石灰浆容易沉淀，墙面在粉刷后会出现或深或浅的条纹。

（3）粉刷原则为：竖刷、由上而下、一笔套一笔。当然，也可以横刷、由左至右，但是都要切记不能漏笔。

（4）若墙面为深色的旧石灰墙（不包括胶白墙面），或者斑点较多，在刷新色之前，要先用白灰水刷1次，干燥之后才能套刷新色。

（5）若墙面为石灰墙面且粉刷还没有超过半年，加刷酸性的彩色干墙粉，比如绿色、天蓝色等，容易导致中和以及泛色的现象，必须多加注意。

（6）自己动手一定要注意安全。

16 家庭刷墙漆的方法

家装墙漆常用刷、滚、喷（包括有气喷与无气喷）等方法。"刷"是采用毛刷施工，是平面效果，但毛刷会留下刷痕。刷漆时加水的比例控制在20%~30%之间，不要超过35%，高于这个稀释比例容易出现脱粉、流挂、浮色、漏底等问题。"滚"指使用滚筒施工，是毛面效果，近似于壁纸，如拉毛、毛面、滚花、肌理、质感等。采用滚筒施工时可以少加水或不加水稀释。"喷"是采用喷枪施工，表面平整光滑，手感、丰满度好，是最好的平面效果。"喷"分为有气喷与无气喷两种，按要求施工的最终效果是相同的，但有气喷需要几道工序才能达到比较好的效果，而无气喷1次就可以满足施工厚度要求。

注意：刷完涂料之后，要开窗通风1周。

17 简易的地板上蜡法

水泥地板和木质地板都应该先擦洗干净地面，地面干透后才能上蜡。

要将蜡放于铁罐内，在火炉上将其烤化，把煤油缓慢掺入铁罐内，注意蜡和煤油的比例为122.5∶1。掺入同时要搅拌至鞋油状。

用一块干净的干布，蘸上蜡油涂在地面上。涂蜡油时要均匀，不能太厚。

涂完2~3平方米后，停2~3分钟，然后用手去摸，若不粘手，立即用另一块清洁的干布在上面擦拭，只需几下，就能出现光泽。

18 家具定做有讲究

（1）壁柜、衣帽间。很多户型在卧室中都留有衣帽空间。如果面积较宽（有 6 平方米以上），那就首选"U"字形更衣柜。假若面积窄小，那可考虑"一"形更衣柜。

（2）大书柜墙。假若想博览群书，可做个书柜墙，再定做个转角书桌，那样可与另面相邻的墙连到一起。

（3）客厅间隔柜。客厅太大，有空荡感，可做个间隔柜把客厅分成所需的不同区域。间隔柜可以这样设计：一面是酒柜、书柜、展示柜；另一面是储物柜、挂衣柜、餐柜。两面实用，且高雅、美观。

19 家具布置的"简易缩排法"

（1）在正式摆放家具前，首先测量出居室的总面积，按一定比例缩小后，在纸上绘出尺度精确的房间缩略图，缩小比例一般为 1：20。在缩略图上标出门、窗、暖气片、壁橱等位置，并且要标明尺度。

（2）将准备摆放的家具、大件饰物等的长和宽依照同一比例缩小，在白板纸上画出，注明物品名

称，并一一剪下。

（3）把剪下的家具及饰物小样在房间缩略图上根据自己的要求反复摆放，直到自己满意为止，但一定要注意实物摆放后留出合理的空间以便走动。

这种"简易缩排法"，能够一次性地布置出合理满意的房间，避免因考虑不周而需要反复移动、搬弄实物，既省时又省力。

20 居室空间利用法

居室空间较高时，可以将高于1.8 米的剩余空间建搭成小阁楼，以贮存一些平时并不常用的衣箱、杂物等。如果阁楼上需要安排床铺，却又不便站立，可以增建一个能在阁楼入口处上方站立的台子，同时可将这个台子制成书架或衣柜。若房屋为老式结构，也可将房屋通道上方利用起来变成贮物间。可以在室内门、窗及床头上挂设一些小吊框；至于房角、门后及衣柜、床铺上端的多余空间，也应加以充分利用。鞋箱可以利用一些边角板材制成横式组叠式安装在门后；各种木板头也可利用起来，制作成形状各异的角挂架，置于房间角落。

21 暗厅变亮法

有的暗厅很大，8~20 米不等，宜用作走廊，如果用作客厅，则在布置方面，需要动些脑筋。一般说来，可采用如下方法：

(1) 用人工光源补充光线：在立体空间中，光源塑造出的层次感耐人寻味。比如曝光灯这类光源若射到墙壁或天花板上，效果会非常奇特。如将射灯的光打到浅色画面上，效果也很好。

(2) 把色彩基调统一起来：色调阴暗沉闷对于暗厅布置是大忌。异类的色块由于空间的局限性，会破坏掉整体的温馨与柔和。可以选用亚光漆或枫木、白桦饰面的家具，以及浅米黄色的柔丝光面砖。在不会破坏氛围的前提下，采用浅蓝色来调试墙面，能够改变暖色调的沉闷感，从而较好地调节光线。地面材料，要尽量选用浅色调，这样可增加客厅亮度。

(3) 增大活动空间：要按照客厅大小设计家具尺寸，不要在厅内放置高大家具。可定做一组壁柜，漆浅色调，为节省空间，厚度不宜大。如此设计，视觉上简洁清爽，厅内自然光亮。除此外，一切死角都要充分利用，并保持整体基调的一致性。

22 用物理方法使居室夏日也清凉

窗帘选用浅色调，若能在玻璃窗外粘贴一层白纸则更佳。

当西晒时，窗户可加挂一扇百叶窗，避免阳光直射进来。

对屋面隔热层做加强处理。

加强绿化，以调节居室周围的小气候。如在居室外墙上引种一些爬山虎，再在居室周围种几棵白杨或藤蔓植物等，在开放式阳台上多养些盆栽花草。

在上午 9~10 点至下午 5~6 点这个时间段内尽可能将门窗关闭，并挂上窗帘，以使屋内原有低温得以保存。

天气干热时，可洒凉水在地面，水蒸发的过程也能吸收热量。

23 室内垃圾筒美化技巧

室内垃圾筒的美化可参照下列技巧：

材料：针线、软尺、零碎花布、松紧带。制作步骤：把垃圾筒清洗干净，用软尺把垃圾筒的高度、上下周长量好，把布依尺寸裁好。把松紧带缝在布的上下两边，后按垂直标准，缝成圆柱形，做个桶形布套。缝个蝴蝶结作为布套的装饰。 最后用布套把垃圾筒套起来。

四　休闲

1　摄影用光技巧

（1）侧光拍摄：拍摄照片时侧光是最常用也是最佳的光线，被拍摄景物与人物都会有立体感和丰富的层次，艺术效果很好。

（2）顺光拍摄：一般不要用顺光拍摄，因为光线直射会使人睁不开眼睛，而影响人物表情。同时所拍照片色调明朗，画面却比较平淡。

（3）逆光拍摄：可清晰地勾勒出被拍摄物体的轮廓，立体感强，层次丰富。但人物和背景反差大，较难掌握曝光。拍摄时可用闪光灯、反光板来调整补救。

2　摄影选位技巧

拍照时要选择每个人的最佳角度与位置以扬长避短。对于脸颊瘦削、侧面轮廓饱满者，要选拍侧面像。如高额骨，或额突翘者要拍正面像。纤瘦者宜拍脸部特写或头像，使其显得丰满。而丰满肥胖者，宜选宽大的座椅并拍大半身照，使身体缩小。

3　摄影按快门的技巧

（1）要拿正相机，防止被摄物成像后歪斜变形。

（2）按动快门时用力不要过猛。

（3）在用 1/30 秒以下的慢速摄影时，最好使用三脚架，或选有依托的地方，使底片能保证清晰，不模糊。若无条件，要两腿站稳，屏住呼吸，握紧相机。

4　选择观赏鱼容器的技巧

平常所见的用来养观赏鱼的容器，一般是用透明的玻璃制造的。选择容器，首先要看观赏鱼的品种，再根据它的体形大小和数量多少，以及生活习性、生态环境等等的一些情况，做出合理的选择。

（1）海水鱼容器：热带海水鱼（也称海水鱼）是观赏鱼的一种，其色彩绚丽鲜艳，人见人爱，是宠物中的新贵，在体形上看，海水鱼比热带鱼要大些，在水质方面其要求更高，还有过滤设施也需完善。因此，一定要使用适当大的容器，由于海水里带有腐蚀性物质，所以，一定要用硅胶黏合制造而成的全玻璃容器，而不可以使用桐油石灰和石棉漆以及角铁（角钢）这3种原料组合制造而成的容器，否则会发生化学作用，对鱼有害。

(2) 金鱼容器：鉴赏金鱼通常是以俯视为主，所以被称为顶观鱼，因为它那美丽的体色一般表现在其头部和背部还有尾部，自古以来，人们都将金鱼饲养在一些盆、缸以及池中。盆、缸、池有着比较开阔的水面，其水中融入了空气中的一些氧容量，对金鱼的生长和发育非常有利。

(3) 热带鱼容器：因为热带鱼的背部颜色很普通，其美丽的色彩分布在身体的两侧，所以被称为侧观鱼。因此，必须将热带鱼饲养在用透明的玻璃制造的容器中，它的美丽姿色才能被显示和欣赏。

5 防钓鱼脱钩的方法

为了提高上钩率，防止已上钩的鱼脱钩，首先要对不同种类的鱼的咬钩方法进行准确的区别和判断。

(1) 鲤鱼咬钩。当鲤鱼咬钩的时候，一般是先下沉，出现了部分浮漂，此时不要轻举妄动，要等到浮漂再次出现在水面，而且呈平衡状态的时候再提竿，这样可以防止鲤鱼脱钩。

(2) 草鱼咬钩。草鱼会用很多种方法咬钩，它有时抢着就跑，有时停下就吃。因此，在垂钓的时候，其浮漂的动向也是需要注意的。

(3) 钟鱼咬钩。当钟鱼咬钩的时候，它会慢慢地下沉，浮漂也是呈慢慢下沉的状态，最好是等到所有的浮漂下沉之后再将竿提起，这样就可以防止钟鱼脱钩。

6 旅游时走路的5要诀

(1) 要走不要跳。旅游时，蹦蹦跳跳或走得太快会加重膝盖的负担，容易造成劳累或受伤。

(2) 要匀不要急。以均匀的速度行走，是最省体力的方式，而且能够保持良好的心态。如果急一阵歇一阵，就会非常累人。

(3) 快去慢返回。旅游出发的时候可以走得快一点，返回的时候则要走得慢些，否则会使疲劳的关节和肌腱受伤。

(4) 走阶不走坡。上山和下山的时候尽量避免走山面斜坡，而要走石阶，因为这样较符合生理和力学的要求，即安全又省力。

(5) 走硬不走软。在石板、沥青、水泥等较硬的地上行走，通常比走在湿地、河滩、草地等较软的地面更加安全和省劲。

7 水族箱中养殖水草的方法

在水族箱中养殖水草有以下几个需要注意的地方：

（1）配置。水草的配置，首先要注意的是前、中、后景颜色的搭配、既要协调形状，又不能配置过于雷同的风格。比如，罗贝力作为前景种植，巴戈草作后景种植，虽然近看色彩不同；但如果在离鱼缸3米之外，其细微的差别就很难看出来，只能看到均为圆叶的两种水草，这样艺术性就不够。若将水兰放在罗贝力后面，前面的为圆叶，后面的为羽状叶，这样差异就比较大，趣味也会倍增。为了将鱼缸景观保持相对稳定，一般不适宜养殖一些生长得很快的水草。长大的贝克椒草叶子会变得很密，将它作前景会显得非常美观。比较常见的水草，诸如水玲珑、大柳、对叶草等，巧妙地将它们组合起来，效果会非常好。

（2）养法。养殖水草还要掌握好水温。18℃~25℃是最适宜的温度。有良好的光照水草才能正常生长，最好是架在鱼缸上的日光灯的灯光或折射阳光，中间要用玻璃板相隔。除了水的洁净要注意之外，还要注意不让水草浮出水面，如果水草过高，必须及时将其分叉。水草最好栽植在比较大的碎石中，通常选择大概为0.5厘米的碎石。

8 识别旅游全包价

通常包价旅游分为散客包价和团体包价，散客包价一般是指不超过10人的旅游团体，付给旅行社的旅游款项需一次性交清，所有相关的服务需全部委托给一家旅行社办理。团体包价指的是超过10个人的旅游团，其委托服务和付款方式与散客包价是一样的。综合服务费、房费、城市间交通费和专项附加费是包价旅游最重要的4个部分。

（1）综合服务费：综合服务费一般包括：基本汽车费、餐饮费、翻译导游费、接团手续费、全程陪同费、领队减免费、宣传费和杂费。

（2）房费：一般可根据游客意愿，预订低、中、高各档次饭店，旅行社将按照与饭店所签订的协议上的价格向游客收取费用。

（3）城市间交通费：就是汽车客票、轮船、火车或飞机的价格。交通费的折扣标准价格，是由交通部、铁道部、中国民航局和国家旅游局所规定的。

（4）专项附加费：为责任保险费、游江游湖费、特殊游览门票费、专业活动费、汽车超路程费、风味餐费以及不可预见的费用等。

到机会下手。

9 夏季旅游藏钱技巧

夏天穿的衣服比较单薄，口袋也少，把钱藏入口袋中，会显得很鼓，不雅观也不安全。利用以下的技巧可以解决这种问题：

（1）最好将钱藏在随身带的小包内或胸前的腰包里，用有背带的小包最好，把包夹在腋下，背带吊在肩上。注意：在公共场合千万不要将包背在背上，否则窃贼有可能将包划破或将包抢走。

（2）要掌握好将钱拿出来的技巧。在旅游的途中，旅游者要采用"按囊取钱"的方法将钱拿出来，比如：要买几块钱的东西，就不要往装着50元钱的口袋里拿钱。而且要一直平衡各种面值的钞票。在购物、吃东西的时候要花一些中等面值的钱，在付款的时候，最好要付多少整数，就拿几张整钱出来。如果零票被花完了，要及时在没有人的地方拿出大面值的钱，在下一次消费的时候将其换成中小面值的钱。

（3）应该注意的是，对藏钱处既要做到时时小心，但又不可太显眼，旅游者千万不要因为怕失窃而总是抱住或攥紧自己的钱袋。如果是跟随团队旅游，旅游者最好是结伴而行，相互也好有个照应，这样就算小偷盯上了游客，也不容易找

10 外出旅游前的药物准备

在外出旅游的时候，应备好以下几种常用的药物：

（1）防暑药。如藿香正气水或藿香正气丸、十滴水、清凉油、风油精等。

（2）感冒药。新速效感冒片、感冒清热冲剂、白加黑感冒片、速效伤风胶囊、银翘解毒丸、通宣理肺丸、日夜百服宁、桑菊感冒片等。

（3）抗肠道疾病的药物。磺胺类药或广谱抗菌药。

（4）抗过敏药物。如阿司咪唑、氯苯那敏。

（5）晕车药。如舟车宁、茶苯海明。

（6）治疗外伤的药。如创可贴、"云南白药喷剂"、胶布、绷带等。

此外，心脏病、高血压等患者，还应带上必备药。

11 旅游不可坐的车

为了旅游安全，以下的几种车不可坐：

（1）"病"车。车况不太好的车辆就像一个隐形炸弹，若经过了长途的奔波或连续的行驶陡坡、弯道等路段的时候，就有可能不定时

"引爆",造成严重的后果。通常从外观看,"病"车有以下几种情况:外表不整、歪斜、部件陈旧、破烂、车躯欠稳。

(2)超员车。每种车辆都规定了载客载重的标准,若超负荷运行,难免发生交通事故。尽量不要在乘车高峰期乘车,或改乘其他的交通工具。

(3)沾酒车。醉酒或酒后开车非常危险,如果遇上这种沾酒的车,在任何的情况下,都不要搭乘,最好报警。

(4)农用车。通常用于拉沙运土、农业生产等车就是农用车,它完全不具备载客的条件,但是不少在边远山区旅游的游客为了贪图便宜、方便,经常毫不思考地搭乘农用的三轮车,而常因司机对车况、路况不太清楚等原因,出现了很多车毁人亡的事故。交通法规严厉禁止农用车营运和载客。

(5)黑车。千万不要去乘坐"黑车"和无牌无证的车,它们会带来很多的麻烦。

(6)疲劳车、超速车。为了增长经济收入,一些客运司机、车主多拉快跑,日夜兼程,疲劳驾驶,引发事故。为了生命安全,要坚决拒乘。

12 自驾车旅游的准备

目前自驾旅游已将成为一种时尚出游方式。若要享受自驾旅游的快乐,"驾迷们"应做好以下的一些准备:

(1)出游前,应对车辆彻底全面地检查和维护一次,包括变速箱和齿轮箱的润滑油以及刹车、底盘、灯光、轮胎、方向、油、水、电、悬挂装置等,一旦发现问题,要马上修复。自驾车出游虽然惬意,但必须带齐一些随车工具。除了千斤顶和车轮扳手外,还要带上路线地图、照明用具、野营装备、通讯装置、望远镜及山地车,还有警示牌、指南针、应急灯等应急装置也是必需的。另外驾驶证、行驶证、汽车救援卡、通信工具、零钱等一些必需品也要随身带着。因车外出时,会跨比较大的区域,可能会因比较大的气候变化,引起旅游者水土不服,个别人还会出现呕吐、头晕、腹泻,部分人会出现晕车等现象,为此在行前还应备些消炎药、风油精、碘酒、地芬尼多等药品。车内若有空调,请勿吸烟,以免污浊车内的空气。

(2)出行前,要先确定好行车的路线和休息的站点。还要清楚路途上需花的费用,最好有一个非常清楚的线路图和周密的计划。建议：自驾车出游，以结伴同行最佳。

13 自驾车旅游的注意要点

自驾车旅游以确保安全为重，以下几点值得注意：

（1）最好不要个人租车旅游，特别是刚刚才学会开车的司机，不要将旅游当作一次练车的经验，对车或路况不熟悉，均容易发生事故。

（2）自驾车旅游，最好找一辆或更多的车同行，万一出了事故还可以互相有个照应。多辆车同行时，一定要保持车和车之间的距离不要太远。

（3）旅游不是赶路，最好不要走夜路。走夜路不但危险，而且易疲劳还会影响旅游者的心情。

（4）不要把油用光了才加油。当油跑完了一半，看到好的加油站就随时加一些油，千万不要怕麻烦，即使加不到好油，将好油与次油"和"着烧也要比把次油光着烧

对车的损坏性小一些。

（5）如果是短途旅游，最好不要将汽油带在车上；如果是远途旅游而且离公路较远，最好携带 1~4 个安全的铁汽油桶以备用。

（6）合理地安排好行车距离，避免疲劳驾车。日行车的最多里程为：普通公路 200~300 公里，高速公路 300~400 公里。停车的时候，要注意锁好车门、车窗并将贵重物品随身带走。

14 排除旅途中险情

（1）万一车在半路坏掉，如果是路况较好的白天，可考虑将车拖走；如果是晚上，可拨打当地的 114 查询当地的汽车救援号码请求救援。

（2）如果需要别人拖车，要讲究拖车技术。其技术包括：应保持拖车绳平直，保持前后车速度一致；前面的车要转向或停车的时候，需事先打转向灯和踩两下刹车灯，以提醒后车，防止撞在一块。

五 清洁

1 用醋擦玻璃

擦玻璃前，在干净的抹布上蘸适量食醋，然后用它反复擦拭玻璃，可使玻璃明亮光洁。

2 用白酒擦玻璃

擦玻璃前，先用湿布将玻璃擦一遍，然后在湿布上蘸些白酒，稍用力擦拭玻璃，即可使玻璃光洁如新。

3 用啤酒擦玻璃

在抹布上蘸上些啤酒，然后把玻璃里外擦一遍，再用干净的抹布擦一遍，即可把玻璃擦得十分明亮。

4 用大葱擦玻璃

取适量洋葱或大葱，将其切成两半，然后用切面来擦拭玻璃表面，趁汁还没干的时候，迅速用干布擦拭，可使玻璃晶光发亮。

5 用牙膏擦玻璃

时间久了，玻璃容易发黑，此时可在玻璃上涂适量牙膏，然后用湿抹布反复擦拭，可使玻璃光亮如新。

6 用吸尘器清洁纱窗

把报纸贴在纱窗的一面，再用吸尘器去吸，即可把纱窗上的灰尘清除。吸尘器应该用刷子吸头。

7 用牙膏清洁金属门把手

在干布上挤些牙膏，然后用其来擦拭金属把手上面的污点，即可很轻松地去除。

8 用牛奶洗纱窗帘

在洗纱窗帘的时候，在洗衣粉溶液中加入适量的牛奶，这样能把纱窗帘洗得跟新的一样。

9 清洁炉灶的方法

在做菜的时候，常常会有些汁液溅在炉灶上，在做完菜后，借助炉灶的余热用湿布来擦拭，其效果非常好。若要清除灶上陈旧的污垢，可喷些清洁剂在灶台上，然后再垫上些旧报纸，再喷些清洁剂，几分钟后，将报纸揭开，用沾着清洁剂的报纸将油点擦去即可。

⑩ 清洁煲底、锅底、炉灶

清洁煲底、锅底或是炉灶时，可先将煲底、锅底烧焦的食物及炉灶的污渍用温水弄湿，并且撒上大量的食用苏打粉，然后，将它们放置上一整夜。这样，即会使烧焦的食物及污渍被充分软化，只要用软刷即可轻易去掉。

⑪ 除水龙头的污渍

如果有水中的沉积物残留在水龙头中，可将柠檬片的一面对准水龙头嘴，然后再用力按压它，并转动几次，即可将污渍消除。

⑫ 除水龙头的水渍

用橙皮带有颜色的那一面来擦拭水龙头上的水渍，即可很轻松地将它擦除。

⑬ 除厨房纱窗上的污渍

取一铝盆，将100克面粉放入，加水调成稀面糊状，在纱窗两面趁

热刷。过大概10分钟后，再重复刷几次，用水冲洗干净，油腻就没了。

⑭ 清洗马桶窍门

在木棍的一端绑些废旧的尼龙袜，然后蘸些发泡性强的清洁剂来刷洗马桶，即可将马桶周边所形成的黄色污垢全部去除。每个月只要清洗一次便可。

⑮ 擦拭浴缸3窍门

(1) 用旧报纸来擦拭浴缸，可将上面的污垢去除。

(2) 用毛刷或干净的软布蘸些洗衣粉来反复擦拭浴缸，再用清水冲洗干净即可。注意：千万不能用炉灰或沙土之类的来打磨。

(3) 在海绵上蘸些肥皂水来擦拭浴缸，可立即去除上面的污垢。

⑯ 用玉米粉去除家具污垢

若家具上有了污垢，可先用残茶叶来擦拭，然后再撒上些玉米粉擦拭，即可去除污迹。

⑰ 用土豆去除银器污迹

在苏打水中放入生土豆片，在火上煎煮片刻，待水稍凉后用来擦

拭银器，可使银器恢复原有光泽。

18 用盐水清洁银器

当银器光泽暗淡时，可在铝锅中加些水，将其煮沸后加5汤匙食盐，再把银器放入锅内煮5分钟左右，取出后用清水冲洗干净，用干净的软布擦干即可。

19 用盐水去除藤竹器具积垢

若竹器、藤器上有了积垢，可用盐水来擦洗，既能把污垢去除，又能使其柔软，恢复弹性。

20 用柠檬皮去除瓷器积垢

若瓷器上有水渍或茶垢，可取适量柠檬皮和一小碗温水，然后将其倒入器皿中浸泡4~5小时，即可除去。

21 用青菜去除漆器油污

若漆器沾上了油污，可反复用青菜叶擦拭，既可将油污去除，又不会将漆面损伤。

22 用西红柿去除铝制品积垢

将铝制品和捣碎的西红柿加水

一齐放在锅内煮，煮出来的果酸即可去除铝制品上的污垢，使铝制品恢复原有的光泽。

23 用鸡毛去除铝制品油污

若铝制品上沾上了油污，可用一把鸡毛蘸上些水反复地擦洗铝制品，即可恢复铝制品原有的光洁。

24 用棉花预防铝壶水垢

取一团新棉花或把几层纱布缝在一起放在水壶里，大量的水垢就会被纱布、棉花吸收。棉花、纱布用过一段时间就要更换。

25 清洁茶杯的诀窍

在茶杯中放些已榨好的柠檬皮的汁，然后再加些温水，每隔几小时就换一次热水，即可将污垢去除。也可在茶杯内外用牙膏抹一遍，再用海绵或者丝瓜瓤擦拭。若茶杯上有些黄色的茶渍，可以用软布蘸些碱粉或少许盐进行摩擦，然后再用肥皂水洗干净即可。

26 用盐去除咖啡壶污垢

放少许盐在咖啡壶内，反复摇晃，即可除净咖啡壶内壁的褐色污垢。

末刷去，即可去除油迹。

27 用橘皮去除不锈钢器皿积垢

不锈钢器皿上沾上了污垢，可用新鲜橘皮的内面擦拭污垢，既可将其擦净，又能避免出现刮痕。

28 用煮面水清洁抹布

把抹布放进煮过面的水中浸泡一小会，然后用水揉搓、漂洗，抹布就被洗得非常干净柔软。

29 用淘米水去除砂锅污垢

若砂锅上有污垢，可在砂锅中加入适量淘米水，然后将其烧热，用刷子刷即可。

30 用梨皮去除菜锅焦油污垢

炒菜的锅用久了，容易积累一层烧焦的油垢，难以洗净，若在菜锅中放些新鲜的梨皮，加些水来煮，即可使烧焦的油脱落，极易刷干净。

31 用面粉去除油迹

若衣物上沾了些油渍，可将少许面粉和水调成浆状，涂在油迹上，10小时后，再用刷子蘸着水，将粉

32 用栗子水去除猪油迹

用煮熟的栗子水来搓洗沾有猪油的衣物，可除去油迹。

33 用白糖去除醋渍

衣物沾上了酱油迹或醋迹，可在它上面撒少许白砂糖搓揉，再用温水洗净即可去除。

34 用土豆去除银器污迹

在苏打水中放入生土豆片，放到火上煎煮片刻，待水稍凉后用来擦拭银器，即可恢复原有的光泽。

35 用汽水去除汤汁污迹

衣物沾上了汤汁，可用手帕蘸些汽水来擦拭，片刻后可去除污迹。

36 用冷冻法除口香糖

当口香糖不小心粘在床单或衣物上时，不容易洗掉。若把粘上口香糖的衣物用干净的塑料袋密封，再放入冰箱中冷冻，一两小时后取出，轻轻搓一下口香糖，它就会像

锅巴一样脱落。

37 用洗发膏去除果酱污迹

将衣物上沾有果酱的地方浸湿，先用洗发膏刷洗一遍，然后再用肥皂洗，用清水漂净即可。

38 用酒精去除油迹

衣物上了沾了油迹，可在上面涂上些酒精，待其挥发完后，再用清水洗净即可。

39 用牙膏去除圆珠笔污迹

将衣物上有圆珠笔处用冷水浸湿，然后再涂上些牙膏，并加少许肥皂，轻轻地揉搓即可。若有残迹，可再用酒精来清洗。

40 用杏仁去除墨迹

先将杏仁捣烂，然后将其涂在衣物的墨污处，反复揉搓后再用清水漂净即可。

41 用清凉油去除油漆污迹

在刚沾有油漆的衣物正反面涂些清凉油，几分钟后，用棉花球擦拭几下即可。若是陈漆迹，可涂上清凉油，等漆自行起皱后，将其剥下即可。

42 用生姜去除汗渍

将生姜洗净后，切成碎末，放在衣物上汗渍处，轻轻搓洗干净，用清水漂净即可。

43 用萝卜去除血迹

用捣碎的胡萝卜或白萝卜汁拌盐，均可去除衣物上的血迹。

44 用生姜去除血迹

将生姜洗净后，切成片，在衣物血渍处反复擦拭，然后再用毛巾蘸冷水来擦洗，或按照常规的方法来清洗即可将血迹去除。

45 用墨水治衣物泛黄

白色的衣物泛黄了，可滴3滴墨水在清水里，将洗净的衣物放入水中浸泡半小时左右，不要拧干就将其晾晒，即可将黄迹去除。

46 用柠檬汁治衣物泛黄

在清水中滴几滴柠檬汁，将泛黄的衣物浸泡在里面，然后再用清水漂洗干净即可。

47 用淘米水治衣物泛黄

可将泛黄的衣物用淘米水浸泡2~3天，每天换1次水，然后取出，用冷水漂洗干净，即可恢复原有的洁白。

48 用牙膏去除衣领、衣袖污垢

浅色衬衣的袖口和领子特别容易脏，光用肥皂难以将其洗净，可先将衬衣放入水中浸湿，然后在袖口和衣领处均匀涂上一层牙膏，再用刷子轻轻刷洗，用清水将牙膏漂净后，再用肥皂来洗，可将袖口和领子洗得非常干净。

49 用洋葱去除熨焦

将洋葱切成环状，用其擦拭熨焦了的部位，然后再用冷水将其冲洗干净，即可减轻焦痕。

50 用柠檬汁去除电冰箱异味

将切开的柠檬或柠檬汁存入电冰箱中，即可去除冰箱里的腥臭怪味。

51 用砂糖去除电冰箱异味

在电冰箱里面放入些砂糖，可去除电冰箱里面的异味。

52 除厨房异味

（1）食醋蒸发法：放些食醋在锅里加热，可消除厨房中的异味。

（2）烘烤橘皮法：将少许橘子皮放在炉子上烤，厨房异味将被橘皮发出的气味冲淡。

（3）柠檬皮法：将切开的橙子或柠檬皮放入盘中，置于厨房内，可冲淡厨房里的异味。

53 除厨房大葱刺激味

将一杯白醋放在炒锅里煮沸，过一段时间后，炒洋葱或大葱的刺激气味就会自然消失。

54 除厨房油腥味

（1）烧干茶末法：厨房中有鱼腥味时，可在烟灰缸放些茶末，并将其燃烧，即可去除腥味。

（2）煎食醋法：在煎鱼的时候，放点醋在锅里，则会减少厨房的鱼腥味。

55 除碗橱异味

（1）食醋去味法：用布蘸醋擦拭碗橱，待晾干即可去除碗橱的异味。

（2）木炭去味法：在碗里盛些木炭放在碗橱里，即可除去碗橱的异味。

（3）牛奶去味法：将一杯牛奶放在新油漆过的碗橱里5个小时左右，油漆味即可消除。

56 除微波炉异味

用碗盛半碗清水，并加少许食醋，然后把碗放进微波炉里，用高火煮。待沸腾后，不要急于取出，可利用开水散发的雾气来熏蒸微波炉，等碗中的水冷却后，将它取出，把插头拔掉，最后用一块干净的湿毛巾将炉腔四壁擦干静。这样，微波炉内的异味就被清除了。

57 除炒菜锅异味

（1）在锅中放入1勺盐，放在火上炒十几分钟，异味就会去除。

（2）抓些茶叶放在锅里煮沸5~10分钟，然后刷洗一下炒菜锅，异味即可消除。

58 除菜刀的葱蒜味

用盐末擦拭一下切过葱蒜的刀，气味即可去除。

59 防水壶霉味

将一块方糖放在水壶里，可防止水壶有霉味。

60 除凉开水的水锈味

清除凉开水中的水锈味，可先在水壶内加2~3小匙红葡萄酒，即可使水不变味。

61 除居室异味

空气污浊，居室内便会有异味，滴几滴香水或风油精在灯泡上，便可解决这种问题。

62 除居室宠物异味

在饲养猫、狗的地方洒上烘热后的小苏打水，因饲养宠物而带来的特有异味就可以除去了。

63 用醋除油漆味

新购买回来的木漆容器，会有

一种难闻的气味。这时，可以将其浸泡在醋水中，用干净的布将其擦洗干净，便可消除此味。

64 除药物异味

患者在服用某些药物时，常常无法忍受药物所具有的异味。可将药物贮藏在冰箱中一段时间，异味就会消除，并且口腔里也不会遗留异味。

65 除烟灰缸异味

在烟灰缸的底部均匀地铺上一层咖啡渣，即可消除烟灰缸异味。

66 除厕所异味

（1）在厕所里燃烧火柴或者点燃蜡烛，或在马桶里倒入可乐，室内空气就会改变。

（2）将丝袜套在排水孔上，减少杂物阻塞排水孔的机会，水管保持清洁，排水孔的臭味便去除了。

（3）在厕所内放 1 杯香醋，臭味便会马上消失。由于香醋的有效期一般是一星期左右，因此，每隔一周就要更换一次香醋。

67 防垃圾发臭

（1）将茶叶渣撒在垃圾上，可防止动物内脏、鱼虾等发出臭味。

（2）在垃圾上撒些洗衣粉，可有效防止生出小虫子。

（3）在垃圾桶的底部垫上报纸，当垃圾袋破漏后，报纸即可吸干水分，防止发臭。

68 除袜子的臭味

将袜子洗净，在白醋里浸泡一会儿，捞出、晾干，即可杀菌、除臭。

69 除皮鞋的臭味

将卫生球碾碎撒在干净的鞋底部，垫上鞋垫。也可将纸包茶叶放于鞋底，臭味也可去除。

70 除鞋柜臭味

（1）将鞋子从鞋柜中搬出来，并彻底清理鞋柜，用布擦拭，在鞋柜内铺上旧报纸数张。

（2）在布袋或旧丝袜里塞茶叶渣或咖啡渣，扎成小包，将做好的小包塞入鞋内，摆在鞋柜角落，有很好的消除霉菌和异味的效果。

71 除家具蛀虫

（1）涂油去蛀虫法：当发现家具有蛀虫时，涂上少许柴油，即可将蛀虫杀死。

(2) 敌敌畏去蛀虫法：用 1 份敌敌畏、94 份煤油混合药液、5 份滴滴涕，或者用煤油配制成浓度为 2%~5% 的敌敌畏药液，涂刷 3~4 遍家具。若虫洞比较大，可用脱脂棉蘸药液将其堵住。如虫洞深且小，可用注射器将药液推入。

72 用卫生球除宠物身上的跳蚤

在猫的身上搓进 1~2 粒卫生球粉末，跳蚤即会被杀死。

73 用橙皮驱除猫咪身上跳蚤

切碎、研磨新鲜橙皮，取其汁兑入温水中，均匀地喷洒在猫咪的身上，然后再用柔软、干燥的毛巾将猫咪裹严，大约半小时后，用清水将猫清洗干净即可。

74 菜橱防蚁

在菜橱的周围撒放数十粒花椒，可以有效地防止蚂蚁窃食。此法简便实用，效果良好。

75 蚊香易点法

在点蚊香前，先将蜡烛烧化，在每盘蚊香头上滴上蜡烛油，这样处理的蚊香就很容易点着了。

76 湿肥皂治蚊子咬

将湿肥皂打在被蚊子叮的包上，很快就不痒了。

77 拔罐治黑蚊子咬的包

被大黑蚊子叮的包很不好治，可用拔罐器中最小的一个对准蚊子咬过留下的小眼拔几下，然后再涂上碘酒，第 2 天就会痊愈。

78 杀灭臭虫

(1) 敌敌畏杀虫法：将 80% 的敌敌畏乳剂加水 400~500 倍兑成的稀溶液，喷洒在有臭虫的地方，然后将门窗关严。8 小时后，臭虫即可死去。如过 10 天再洒一次药，即可杀灭虫卵。

(2) 苦树皮杀虫法：每间房买苦树皮（即玉泉架）500 克，煮沸 1 小时左右后，将渣去除，然后在有臭虫的地方用刷子涂抹些药水。隔 10 天左右抹一次，连续 3 次即可将臭虫全部消灭。

(3) 煤油杀虫法：将煤油洒遍壁橱或床的周围，不但能杀死臭虫，其他虫类也会被消除。用此法灭臭虫时，要注意防火。

（4）桉树油杀虫法：在适量的肥皂水、松油混合液中，放入桉树油（或桉树叶）适量，调匀后涂于臭虫常出没处，即可将臭虫消除。

（5）螃蟹壳杀虫法：在辣椒面内加入同等分量的螃蟹壳干粉，搅拌均匀，然后拌入适量的木屑，可消灭臭虫。

（6）白酒逐虫法：在床沿浇上白酒，即可驱逐臭虫及其他虫类。

79 食醋驱蝇

取一些纯净的食醋在室内喷洒，苍蝇就会避而远之。

80 西红柿驱蝇

在室内放一盆西红柿，能驱逐苍蝇。

81 残茶驱蝇

将干茶叶放于臭水沟或厕所旁燃烧，能有效驱逐蚊蝇，而且可除去臭气。

82 用鲜黄瓜驱蟑螂

在食品橱里放些新鲜的黄瓜，蟑螂就不会靠近食品橱了，两三天后再将鲜黄瓜切开，使它继续散发黄瓜味，即可继续有效驱除蟑螂。

83 用鲜桃叶驱蟑螂

在蟑螂经常出没的地方，放上新摘下的桃叶，桃叶散发的气味，可使蟑螂避而远之。

84 用洋葱驱蟑螂

将切好的洋葱片放在室内，这样，既可延缓其他食物变坏，又可以达到驱除蟑螂的效果。

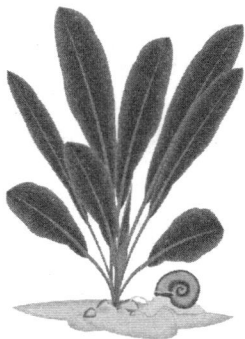

六 节水节气节电

❶ 洗菜浸泡可节水

洗菜时可以先将蔬菜适当浸泡一下，让水充分溶解蔬菜里的残留农药和其他的有害物质，在浸泡的过程中，还可以放一些添加剂，如盐、碱、小苏打等，再用干净的清水冲洗，既可清除所残留的农药，又能有效节水。

❷ 10种节气好习惯

(1) 做饭的时候，不要用蒸的方式，因为蒸饭的时间是焖饭时间的3倍。

(2) 用高压锅来做主副食；用比较薄的铁炊具来代替既笨重又厚的铁锅。

(3) 用液化气或者煤气来做饭菜时，最好将一个炉子上的几个炉眼一块使用，这样既可节约时间，又可节省燃料。

(4) 大块的食物应该先切成小块，然后再下锅，这样既可节约时间，熟得也快。

(5) 若是冰冻食品解冻或者加热熟食，最好用微波炉，这样既节能又方便。

(6) 在蒸东西的时候，不要放太多水在蒸锅里，一般以蒸好后，锅里面只剩下半碗水为好。

(7) 先将壶、锅表面的水渍抹干后，再放到火上面去，这样既可使锅外面的热能很快传到锅里面去，也可以节约用气。

(8) 在饭、菜做好时，将煤气关上，让炉灶上的余热来继续提供烹饪所需要的热量。做汤的时候，所加的水也要合适，不要太多，若水太多会消耗更多的煤气。每次可多做些米饭，吃不完的也可以先妥善放好，然后可以用来做一些比较简单的快餐。

(9) 要将锅底铲干净。锅底很容易积聚些黑色的锅灰，且有时会是厚厚的一层，这样锅的导热性会比较差，要经常把锅底的灰清除干净，这样，传热会比较快些，日积月累，即可省下不少煤气。

(10) 灶头与锅底的距离一定要适当，其最佳的距离应该在20~30毫米。正常情况下，火苗的高度分低中高三个层次，可以根据使用目的的不同，而采用不同高度的火苗。

3 提前浸泡减少机洗水耗

在用洗衣机洗衣服前，先将衣物浸泡一会儿，能将漂洗的次数减少，漂洗衣物所消耗的水也会减少。

4 大扫除节水

家居大扫除时，应从上到下，由里到外，把清洁用具放在一只干净的桶里，随时携带，按顺时针的方向打扫房间，可使已扫过的房间保持干净、整洁，而且用一桶水就能将整个房间擦洗干净，不用再中途换水，既省水，又省劲。

5 用盆洗碗可节水

洗碗的时候，不要直接放在水龙头下面洗，最好用盆来洗。洗同一个碗，用水龙头来冲洗，用水量是 114 升左右，而放在盆里面冲洗，用水量才 19 升左右，可以节约 95 升左右的水。

6 关自来水龙头节水技巧

首先试着关到不漏水时为止（不要因为怕漏水而使劲关），在关的过程中，找出关闭到不漏水时的开关角度，以后再关水的时候就用这种角度，随着使用时间的延长，不时地进行开关关闭位置的调整，这样，能使皮垫老化的时间延缓，节约用水。

7 正确烧水可节气

水在越接近沸腾的时候，需要的热量就越大，其消耗的天然气也就会越多，所以，在烧热水来洗用的时候，不要等水烧开后，再将其兑入冷水，这样可以省 10% 左右的气。用水壶烧水的时候，不宜灌进太满的水，以免水开后溢出。水壶用过一段时间后，要将水垢及时清理掉，烧开水时，火焰宜大，有些人以为小火焰可以节约煤气，其实，烧水时间越长，所散失的热量也就会越多，反而会用更多煤气。

8 电视机省电法

（1）控制电视机的音量。音量越大耗电越多。

（2）控制电视机的亮度。亮度越大耗电越多，且亮度过大不仅会降低机器正常使用寿命，而且对人的视力也不好。彩电在最亮和最暗时耗电功率相差 60 瓦。

（3）给电视机加盖防尘罩，尽量避免因为夏季机器温度高机体内吸入大量灰尘，从而导致集体漏电，增大耗电。

（4）电视机不用时，最好关闭总电源开关。只用遥控关机，电视机仍会耗电。

⑨ 洗衣机省电法

（1）先把衣服在液体皂或洗衣粉溶液中浸泡 15~20 分钟，等衣服上的油垢脏物与洗涤剂充分反应后再洗。颜色不同的衣服不要一起洗，先浅后深，才能洗得又快又好，而且省电。

（2）化纤、丝绸织物的质地薄软，四五分钟就可以洗干净，棉、毛织物的质地厚要洗 10 分钟左右。厚薄衣服不要一起洗，否则会延长洗衣机的运转时间。

（3）每次洗的衣服要适量，少了会浪费电，多了不但增加洗涤时间，还会增加电耗。

（4）用水要适量。太多不但会增加波盘的压力，还会增加电耗。太少会增加洗涤时间增加电耗。

（5）要分色洗涤。颜色不同的衣服不要一起洗，分色洗涤会洗得又快又好而且省电。

⑩ 空调省电技巧

（1）空调使用过程中温度不调过低。因为空调所控制的温度调得越低，所耗的电量就越多，一般把室内温度降低或提高 6℃ ~7℃即可。

（2）制冷时定低于室温 1℃，制热时定高于室温 2℃，均可省电 10% 以上，且同时人体几乎察觉不到此微小的差别。

（3）设定开机时，设置高冷／高热，以最快达到控制目的；当温度适宜时，改中、低风，以减少能耗、降低噪音。

（4）"通风"开关不要处于常开状态，否则将增加耗电量。

（5）少开门窗以减少房外热量进入，从而利于省电。

（6）安装使用空调的房间，宜使用厚质地的窗帘，以减少凉空气散失。

（7）与外机连接管道不超过推荐长度，以增强制冷效果。

（8）空调安装位置宜尽量选择在房间的阴面，以避免阳光直射机身。如不具备这种条件，要给空调室外机加盖遮阳罩。

（9）定期清除空调室外散热片上的灰尘，以保持清洁。散热片上的灰尘会增加耗电量。

⑪ 电灯节电技巧

日常照明，应尽量地选用节能灯，虽然节能灯价格比较高一点，但相对普通的白炽灯可以省电达75%，而且使用寿命更长。

12 电风扇节电

电风扇的耗电量与扇叶转速有关，扇叶转速越快，风扇耗电量越大。如400毫米电风扇用快档耗电量约为60瓦，而用慢档时则只有40瓦。所以在满足使用的情况下，尽可能地使用中档或慢档，就可以省电。

13 电饭锅的节电技巧

（1）确定合理用水量：在实际使用中，一定要准确用水，除按照说明书规定外，还应当根据不同米质确定恰当的用水量，逐步摸索，越准越好。

（2）合理使用：电饭锅的内锅要与电热盘相吻合，二者中间不要积有杂物。在煮粥做汤时，只要达到合适的熟的程度即可切断电源。

（3）尽量使用热水、温水做饭，用热水煮饭可节电30%以上。

（4）使用时，应当保持恒温器、指示灯正常工作。

14 用电饭锅焖米饭省电

用电饭锅焖米饭时，如在电饭锅的锅盖上捂盖一条毛巾（不要堵着出气孔），饭会比不捂毛巾熟得快得多，且能节电，操作起来也不费事。

七　一物妙用

1 香油的妙用

1. 让嗓子圆润清亮

香油可以增加声带的弹性，能使声门灵活有力地一张一合，对翻译、演员、老师、演说家的声音嘶哑、慢性喉炎、声带疲劳等都有比较好的恢复作用。

登台之前先喝口香油，可使嗓音变得更加圆润清亮，而且能够增加音波的频率，可使发声省力，延长在舞台上的耐受时间。

2. 预防口腔疾病

每天服用些香油，可使患有口臭、牙周炎、牙龈出血、扁桃体炎等口腔疾病的患者减轻症状。

3. 导出误食的异物

香油是一种食道黏膜的理想保护剂，若大人或小孩吞下了枣核、鱼刺、鸡骨等异物，喝口香油便能使异物顺畅地滑过食道，防止喉咙受到损伤。

4. 误服强碱的自救法

若误服了滚烫或强碱的食物后，最及时有效的自救法是马上喝口香油。

5. 抽烟喝酒者宜常喝香油

抽烟或喝酒的人，若经常喝些香油，可减轻香烟对口腔黏膜、牙龈、牙齿的直接损害，还可以去除口中的难闻气味，减少形成肺部烟斑，还可以部分地阻滞人体对尼古丁的吸收，让其黏附于香油层中，然后随痰液排出体外。喜欢喝烈性酒者经常喝点香油，也可以保护食道、肠、胃部黏膜。

6. 治疗便秘与气管炎

每天坚持早上起床后及晚上睡觉前喝上一小勺香油，可治疗便秘与气管炎。

7. 防止动脉硬化延缓衰老

经常食用香油，既能有效防止动脉硬化，又对延缓衰老具有一定作用。

2 茶叶的妙用

1. 除鱼腥味

将泡过的茶叶晒干，然后将其装在一个纱布袋内，放入冰箱中，可吸收肉、鱼所散发出来的难闻的腥味。

2. 除血腥味

将一些残茶叶放入有腥味的器皿中，然后将其煎数十分钟，便可将腥味去掉。

3．除油烟味

将泡过的茶叶晒干，用纱布包起来放在厨房里，即可消除因烹饪而产生的油烟味。

4．干残茶叶可做火种

将揉碎后的干残茶叶储存起来，冬天可将其放在手炉里当作火种，火力耐久。

5．除衣物异味

将揉碎后的干残茶叶储存起来，用纱布包放在鞋箱、衣柜中，即可消除异味。

6．做保健枕头

将残余的茶叶晒干后，装入已做好的枕套中，即可做成非常柔软的枕头。此枕头可去火，对失眠者和高血压患者皆有辅助作用。注意：茶叶容易受潮，应经常晾晒。

7．用茶水易将用品擦净擦亮

用废茶叶容易将盘碗、家具、油锅、面盆等洗擦干净、明亮，用茶叶水在刚刚涂了油漆的家具上轻轻地擦拭一遍，家具就会变得更加光亮而且不容易脱漆。

8．茶叶可驱蚊虫

将冲泡过的废茶叶晒干，在夏季的黄昏时候，用火将茶叶点燃，就可以驱蚊虫，不但对人体无害，还会散发出淡淡的清香。

9．除厕臭味

把残茶叶晒干后，放到厕所或沟渠里燃熏，可消除厕所恶臭，使空气保持清新，并具有驱除蚊蝇的功效。

10．用残茶叶绿化植物

将残茶叶浸泡在水中数天后，可给植物浇水，促进植物生长。

③ 砂糖的妙用

1．可除异味

在冰箱里放些砂糖，可将冰箱里的腥臭等异味去除。

2．除栗子涩皮法

用砂糖水将栗子浸泡一夜，然后上火煮，涩皮就可以去除干净。

3．可增加丝绸物的光泽

在漂洗丝绸物的时候，在最后一次漂洗的水里放入些许砂糖，就可以让丝织物增加光泽。

4．制吸湿剂

将砂糖放入锅里炒一炒，然后装入纸袋，就可以当吸湿剂来使用。

5．延长花期

为花换水的时候，往花瓶里加一匙糖，可增长花开的时间。

6．去伤痕

用砂糖擦在受伤处和肿包处，可以消肿治伤。

7．治便秘

喝少量糖水对治疗轻度膀胱炎和便秘有一定的疗效。

4 花椒的妙用

1. 调味

花椒能够芳香通窍，是烹调中的主要调味品。

炒芹菜、白菜时，放入几粒花椒，待将其炸至变黑的时候捞出，留油炒菜，炒出来的菜香气扑鼻。

煮蒸禽肉的时候，放入花椒、大料，菜肴便能美味可口。

将花椒放在手勺内，烤至金黄色，然后将其放在案板上，与精盐一起擀为细面，可在吃香酥鸡、炸丸子、香酥羊肉、干炸里脊等的时候蘸食。

腌制萝卜丝、大芥丝、咸菜时放入适量花椒，味道更佳。

2. 防沸油外溢

用油炸食物的时候，放入几粒花椒，就可以使沸油消下去。

3. 防止呢绒料蛀虫

呢绒料的衣物容易被虫蛀，只要在衣物上撒少量花椒水，然后用熨斗熨平，就可防止虫蛀。或者将包了鲜花椒的纱布包放在衣箱内，也有防蛀虫的效果。

4. 防橱内蚂蚁法

如果厨房里有蚂蚁，可在橱柜内放上数十粒鲜花椒，就能有效地防止蚂蚁。

5. 驱虫出耳

如果有虫子进到耳中，可将少许浸过花椒的油滴入耳内，虫会自动出来。

5 啤酒的妙用

1. 做凉拌菜

通常做凉拌菜的时候，都会先将菜用开水焯一下，可用啤酒代替开水将蔬菜煮一下，待酒一沸腾即可。等到蔬菜冷却即可食用，这样做出来的菜更加鲜美可口。

2. 煮沙丁鱼

在做沙丁鱼之前，可先用盐将沙丁鱼腌渍一下，然后放在啤酒中煮半分钟，这样可将沙丁鱼的臭味去除。

3. 煮鸡翅

在做烧煮鸡翅时，最好不要用水煮，应改用啤酒煮，这样可增加鸡翅的鲜美味道。

4. 煮牛肉

在炖煮牛肉时，最好用啤酒代水来煮，经过啤酒煮过的牛肉，不但肉质鲜美，而且味道香醇。

5. 炒肉片

炒肉丝或肉片时，将淀粉和啤酒一起调成糊糊状，炒出来的肉片风味尤佳。

6. 清蒸鸡

做清蒸鸡时，如果将鸡肉用20％~25％左右浓度的啤酒溶液腌渍 15 分钟，然后将其取出放入蒸锅中蒸熟，鸡的味道就会格外嫩滑可口。

7. 清炖鱼

啤酒还可以用来炖鱼，在炖制的过程中，啤酒能和鱼产生一种酶化反应，可使鱼汤香味更浓。

8. 烤面饼

烤制小薄面饼的时候，可将适量啤酒掺入面粉中，这样烤出的饼又香又脆。

9. 去肉腥味

用胡椒、盐和啤酒配制好的溶液，将宰好的鸡或其他肉类浸泡 1~2 个小时，即可将其腥味去掉。

10. 去鱼或肉腻味

在烹调肉或鱼时，在菜中加一杯啤酒，可以将油腻的味道去掉，使鱼、肉更爽口。

11. 去鱼腥味

清蒸腥味较重的鱼类菜时，可先将鱼放入啤酒中腌浸大约 10~15 分钟，然后取出放入蒸锅中蒸熟，这样既能大减腥味，吃起来又鲜嫩味美。

6 芝麻的妙用

1. 治蛔虫

将 90~150 克芝麻秸，30 克葱白，15 克乌梅，用水煎，每天空腹服两次，连续服 3 次，可治蛔虫病。

2. 治干咳无痰

将 120 克芝麻、30 克冰糖一起捣烂，每日两次，每次用开水冲服 15~30 克，能治干咳无痰。

3. 治风湿性关节炎

选取 30 克芝麻叶，用水煎，服后能治慢性的风湿性关节炎，坚持服用，可预防复发。

4. 治肾虚便秘

将 60 克黑芝麻、15 克杏仁、60 克大米浸水之后捣烂成糊，再将其煮熟加糖吃，可治肾虚、便秘、大便干硬等症。

5. 治大便干硬

将核桃肉、黑芝麻各 30 克一起捣烂，用开水冲服，可治肾虚便秘、大便干硬。

6. 治头昏

将 15 克鲜芝麻叶用开水冲泡，代茶饮，便可治夏季受暑口渴、头昏、小便少。

7. 治白发

将等份的黑芝麻与何首乌一起研制成丸，每天 2~3 次，每次服 6 克，饭后用温水送下，可治过早白发、发枯发落等症。

8. 治产后少乳

用少许盐与 15 克芝麻一同煎炒，然后研成细粉，每天服用 1 剂，坚持服用，可治产后少乳。

9. 治癣痒

选取适量的鲜芝麻根，将其

煎汤，然后用汤来熏洗患处，可治癣痒。

10. 治乳疮

将芝麻炒焦，和面一起研，用清油调和，敷在患处，便可治乳疮。

11. 治冻疮

夏季的时候，选取几朵新鲜的芝麻花，将其放在手掌内揉搓至烂，然后将其涂擦在生过冻疮的部位，直至擦干。这样反复地擦几次，到了冬天，该部位就不会再生冻疮了。

7 红薯的妙用

1. 治湿热黄疸

将适量新鲜的红薯煮来吃，可治湿热黄疸。注意：在用这种简易疗法的同时，患者还应到医院去诊治，以免耽误治疗。

2. 治便秘

用油、盐将 250 克红薯叶炒熟，1 次吃完，1 天吃两次，可治便秘。也可将适量红薯叶捣烂，与少许红糖调和，贴于腹脐，可治便秘。

3. 解暑消渴

选用 100 克红薯藤，将其煎水，1 次饮完，可解暑消渴。

4. 治淋浊遗精

取 200 克红薯粉，将其用温水调服，每天早晚各 1 次，可治淋浊、遗精。

5. 治夜盲

选取 90~120 克红薯叶，将其煎水服用，可治小儿夜盲。

6. 除水垢

用锅或茶壶煮红薯，煮熟之后将红薯捞出，将余水留在茶壶里 8~10 小时，壶里面的水垢就会逐渐清解干净。

8 橘皮的妙用

1. 做凉拌菜

用清水将橘皮浸泡一昼夜，再捞出来将水挤干，放入开水中煮大约 30 分钟，捞出后将其剪成 1 厘米长短的方块，然后加入食盐（其比例为 100 克湿橘皮应加 4 克食盐），将橘皮再煮大约 30 分钟后捞出，在上面撒些许甘草粉，晾干之后便可食用。

2. 煮粥

煮白米粥的时候，可在白米即将煮熟之时放几小块橘皮进去，会使粥的味道更香。

3. 做馅料

将橘皮切成小丁，然后放入白糖水或蜂蜜中浸泡两星期，便可作为汤团、糕饼、糖包子的馅料，做出来的食品风味独特、清香可口。

4. 做蜜饯

将适量鲜橘皮，分切成段后，浸泡在比例相当的蜂蜜中，即可做成上等的蜜饯。

5．做白糖丝

用清水将鲜橘皮浸泡 2 天，然后捞出来切丝，用白糖腌半个月，便成了一种可口的甜食。

6．做橘皮酱

将干橘皮放在清水里浸泡 24 个小时，再捞出来将水分挤去，然后放进开水中煮大约 30 分钟，捞出后将水沥干，将其捣烂成糊状，再加入适量白糖拌匀，待冷却后便成橘皮酱。

7．做香料

将洗干净的橘皮用糖水浸泡 1 星期，然后将橘皮和糖水一起放入锅中熬煮，待冷却后便可以长时间保存，可成为制作糕点的一种香料。

8．做甜点作料

将橘皮切成小丁状，待做花生糖或炒米糖的时候放一点，做成后的甜点特别好吃。

9．增添糕点香味

将橘皮切成细丝后晒干，然后密封贮藏备用，待蒸馒头、做清茶或糕点的时候，可放上一些橘皮丝，既能增添茶点的香味，又可增加其鲜艳的色泽。

10．做橘皮酒

将橘皮洗干净，放在白酒中浸泡大约 20 天，便可制成橘皮酒，此酒不但味醇爽口，而且对清肺化痰有显著的功效。

11．做汤增味

炖排骨汤或肉汤的时候，放一两片橘皮，不仅使汤更加鲜美，而且吃起来没有油腻感。

12．做橘味鱼片

将烘干的橘皮磨成细粉后密封贮藏。在炒鳝鱼片或其他鱼片的时候，加入适量的橘粉，便能炒出美味的橘味鱼片。

13．去除羊肉膻味

煮羊肉的时候，可以放适量橘皮一起煮，可将羊肉的膻味去除。

14．清洁煤油渍

若衣服沾有煤油，可在油污之处擦抹橘皮，然后用清水漂洗，这样便可去掉衣物上的煤油味和煤油渍。

15．去瓷器油污

用蘸了盐的橘皮来擦拭沾在瓷器上面的油污，效果特别好。

16．清洁室内空气

将几块橘皮放在室内炉火旁，能使满室生香，令人神清气爽。

17．灭菌防腐去油腻

橘皮煎煮或浸泡之后所滤出来的橘皮水，有灭菌防腐和去油腻的作用，可用来喷洒墙角、阴沟处或用来洗涤油腻器皿。

18．驱除蚊蝇

在室内将晒干的橘子皮点燃，可替代蚊香，不但可驱除蚊蝇，而且能将室内异味清除。

19. 做花肥

将烂橘皮收集起来，可当作盆栽花的肥料使用，其效果好且无异味，能让花卉长得更好。

20. 去肥臭味

如果将发酵的腐质液当作肥料施于室内的花卉中，便会散发出一股难闻的气味，如果将橘子皮放在肥料液中，就可以将肥臭味消除。

21. 治口臭

每天坚持用 30 克橘皮煎水代茶饮，可治口臭。

22. 防止睡觉咬牙

在睡前 10 分钟，将一块橘皮含在口中再入睡（最好别将橘皮吐出，待感到不舒服的时候再吐出），便可防止睡觉咬牙。

23. 用橘皮水护发

用橘皮煎成的水洗头，能使头发光滑柔软，而且容易梳理。

24. 滋润皮肤

在脸盆或浴盆中放入少许橘皮，然后倒入热水浸泡，便能发出阵阵的清香，用其洗脸或浴身，不仅能滋润皮肤，还能防止皮肤粗糙。

25. 治烫伤

若不慎被烫伤，可取少许烂橘皮，研成膏状，涂擦在患处，即可治烫伤。

26. 解煤气

将适量橘皮风干，堆放在煤火周围，即可消除煤火中释放的一氧化碳。

27. 治便秘

将橘皮洗干净，切成细丝，然后加入适量的白糖和蜂蜜，一同煮沸、冷却，每日服 3 次，每次仅服 1 汤匙，即可治便秘。

9 苹果的妙用

1. 给土豆保鲜

把土豆放在纸箱里，同时放几个青苹果，再将纸箱盖好，放到阴凉处。苹果能散发乙烯气体，将土豆与苹果放在一起，能保持土豆新鲜不烂。

2. 去柿子涩味

将柿子和苹果一起装进一个封闭的容器中，5~7 天后，就能将柿子的涩味除去。

3. 催熟香蕉

将还没熟的香蕉和等数的苹果一起装进塑料口袋里，然后将口袋扎紧，几个小时之后，绿香蕉很快就会被催熟成黄色。

4. 清洁铝锅

铝锅用久了，锅里面就会变黑。如果在锅中放入新鲜的苹果皮，再加入适量的水，然后煮沸 15 分钟，再用清水冲洗一遍，铝锅便能变得光亮如新。

5. 防治老年病

每天吃一个苹果，需连皮吃下，对于关节炎、动脉硬化等一些老年病症有一定的疗效。也可治疗中老年人便秘。

10 梨的妙用

1. 防治口腔疾病

日常多吃些生梨可防治咽喉肿痛和口舌生疮。

2. 消痰止咳

在生梨上戳出 5 个小孔，在每个孔内塞进 1 粒花椒，然后隔水蒸熟，待冷却之后去掉花椒，饮汁食梨，便可消痰、止咳、定喘。

3. 生津润喉

将生梨取汁，再加入适量蜂蜜一起熬制成膏，用温开水调服，每日 1 次，每次服 1 匙，有生津润喉的功效。

4. 治烫伤

不小心被烫伤后，可切几片生梨，贴于烫伤处，便可收敛止痛。

5. 治反胃

取 1 个梨，再把 15 粒丁香放入梨内，然后将梨焖熟之后食用，便可治反胃和呕吐。

6. 治感冒咳嗽

将一个梨连皮切碎，再加入适量的冰糖煎水，饮汁食梨，可治感冒、咳嗽等症。

7. 治小儿风热

将生梨切碎煎水取汁，然后加入适量粳米熬粥吃，可治小儿风热。

11 萝卜的妙用

1. 去肉腥味

炖羊肉或牛肉时，在锅里放入 1 个扎了一些孔的萝卜，煮一段时间后捞出，炖出来的牛肉、羊肉就不会有膻味了。

2. 去哈喇味

在煮咸肉的时候，将 1 个白萝卜放入锅里同煮，即可将哈喇味除去。

3. 去污渍

衣服沾上血渍、奶渍，可将胡萝卜研碎后拌些许盐，然后涂在衣服污处揉搓，再用清水洗净，便可将血渍、奶渍去除。

4. 去羊皮垢

若白羊皮的衣物被弄脏了，可用白萝卜将羊皮擦遍，待将羊毛污迹完全擦去后晾干即可。

5. 清洁油灰

日常油灰很容易沾手。只要在操作之前用胡萝卜皮将手擦一遍，油灰就不会那么容易沾在手上了。

6. 治假性近视

选取 2~3 个新鲜的胡萝卜，将其去皮后洗净，捣烂取汁，每天饮汁 200 毫升，坚持饮服，可治假性近视。

7. 治夜盲症

每次取 3 根胡萝卜，将其洗干净后切碎煎水饮服，或生吃，长期服用，可防治夜盲症。

8. 美白肌肤

将 1 汤匙蜂蜜加入已被捣碎的胡萝卜中，然后用纱布将其包起来，轻轻拍打脸部，直到没有水分为止，过大约 5 分钟之后再将脸洗干净，坚持每日做 1 次，待一个月之后，面部便会显得白嫩细腻。也可把白萝卜的皮捣烂后取汁，再加入等量的开水，用此来洗脸，可美白肌肤。

9. 抗疲劳

当肩部疲劳的时候，可将几片萝卜片贴在患处，即可有助于肩部肌肉活动的恢复。

10. 止咳化痰

将红皮辣萝卜洗干净，不可去皮，将其切成薄片，放入碗中，然后在上面放 2~3 匙饴糖，搁置一夜，就能溶成萝卜糖水，常饮服，可止咳化痰。

11. 治百日咳

将 120 克胡萝卜、10 个红枣和 3 碗水一起煎至 1 碗，随意饮服，连服十多次，可治小儿百日咳。

12. 防治喉痛、流感

选取白萝卜若干，洗干净后，切丝凉拌或生吃，长期坚持，可防治喉痛、流感。

13. 治支气管炎

将白萝卜、猪肺各 1 个，切块放入锅中，再加 9 克杏仁一同炖至烂熟，饮汤食肺，对支气管炎有一定的疗效。

14. 治砂肺

每日食用大量的鲜萝卜，食用方法自便，若能坚持半年，可治砂肺。

15. 治高血压

取新鲜萝卜汁适量，每日两次，每次饮一小酒杯，长期饮服，可治高血压。

16. 治头痛

将生白萝卜捣汁，再让患者仰卧，然后把萝卜汁灌进患者的鼻孔中，能治头痛。若是左侧头痛，则灌右鼻孔，如果是右侧头痛，则灌左鼻孔，若加入少许冰片效果会更好。

17. 治头晕

将生姜、大葱、白萝卜各 30 克一起捣成泥状，敷在额部，每日敷 1 次，每次 30 分钟左右，可治老年头晕。

18. 治脚汗

用煮白萝卜的水来熏洗双脚，每两天一次，长期坚持，可防止脚出汗。

19. 除脚臭

选一个 100 克的萝卜，用刀在

上面切几道口，再放到约 2500 克的水里煮沸 5 分钟，然后将煮过萝卜的水倒在盆里，待降温后将双脚放进水里浸泡到水温变凉，每日早晚各 1 次，只需连续坚持 4~5 天，便能去除脚臭。

20. 治气滞腹痛

选取 1 个枯白萝卜根和 20 粒白萝卜籽一起煎水顿服，即可治气滞腹痛。

21. 治消化不良

将 250 克带皮胡萝卜加 3 克盐放入锅中，然后加水煮烂后去渣取汁，每日分 3 杯服完，连续服用两天，对治疗小儿消化不良有一定的功效。

22. 治慢性溃疡

每次将适量的胡萝卜煮熟捣烂后敷于患处，可治疗慢性溃疡。

23. 治肠梗阻

将 1500 克红皮萝卜切片，加入 2500 克水煮 1 个小时，然后将萝卜取出，放入少量芒硝，再将其熬成 1 碗汤，顿服，能治肠梗阻。注意：在用这种简易疗法的同时，患者还应及时到医院去诊治。

24. 治暗疮

取 1500 克红皮萝卜、9 克雄黄末、少许樟脑以及适量油备用。首先用文火将油中的萝卜烧化后，再用罗筛过滤，然后熬至滴水成珠的状态，加入樟脑、雄黄搅匀，摊在布上贴于患处，每日换 1 次药，即可治疗暗疮。

25. 治冻疮

先将萝卜切成厚片，入锅同水煮熟，然后敷于患处，凉后再换，即可治疗未破的冻疮。

26. 治水痘

将 90 克胡萝卜缨和 60 克芫花同煎水，代茶饮能治水痘。

27. 解煤气中毒

取一个新鲜的白萝卜，捣碎后取汁 100 克，一次服下，能治煤气中毒。注意：在用这种简易疗法的同时，患者还应及时去医院诊治。

28. 解酒

取白萝卜 500 克洗干净，捣烂后取汁，一次喝完，便可解酒。也可将萝卜和白菜心切成细丝，再加少量的醋、糖拌匀，即可有清凉解酒之效。

29. 抑制烟瘾

将白萝卜洗干净后切成细丝，然后挤去汁液，再加入适量的白糖，每天的清晨吃上一小碟，便能抑制烟瘾，若坚持下去还能戒烟。

12 韭菜的妙用

1. 驱耳虫

如果虫子爬进耳朵，将葱根和韭菜一起捣烂取汁，然后将汁滴入耳中，就会让虫子自己退出来。

2.治鼻出血

若鼻出血，可将韭菜、葱根和葱一起捣烂之后塞入鼻孔，需换用数次。就能将鼻血止住。注意：在采用这种简易疗法的同时，患者还应及时到医院去诊治。

3.止嗝

久嗝不止者，可将韭菜捣碎后取汁服下，或者生吃适量的韭菜，便可止嗝。

4.治风寒腹痛

将500克带根韭菜和30克红糖放入开水中浸泡之后饮服，可治风寒腹痛。

5.消炎止痛

将300克鲜韭菜捣烂后加入50毫升米酒调匀，再取汁将痛处擦至发热，然后将渣敷于患处，对消炎止痛有一定的效果。

6.止痒

外痒患者，只要坚持每天晚上用韭菜煎水洗痒处，便能使患部收敛、痊愈。

7.治蛲虫

用适量韭菜煎汤，每天晚上临睡前用来熏洗肛门，便可治蛲虫。

八　综合技巧

1 柿子脱涩 2 法

方法一：在柿子堆里混入山楂、梨等，密封 3~5 天，即可脱涩。

方法二：将柿子放进 35℃的温水中，两三天后即可脱涩。

2 用冰箱保存活鱼

将买回来的活鱼，放在冰箱中装有水果的盘盒内，不换水，能使鱼保持数天不死，可随食随取，既方便又能随时吃到鲜鱼。

3 洗铁锅油垢

炒菜锅用的时间长了，锅上便会积存较多的油垢，很难清除掉，可将新鲜的梨皮加水放在锅里煮一会儿，油垢很容易就清除了。

4 手上的辣痛可用白酒擦洗

在掰或切辣椒的时候，容易辣手，此时若用白酒擦洗双手，再用清水冲干净，可马上消除辣痛。

5 用盐水保存竹晒衣架

买回来竹晒衣架后，在衣架上抹些浓盐水（一般小半碗水中放 3 匙盐为宜），在室内放 3 天左右，然后再用清水将竹衣架上的盐水洗除即可使用。此法可使竹晒衣架不会生虫和开裂，而且还会越用越红。

6 清除皮鞋霉斑

皮鞋长时间存放在潮湿不通风的地方，在空气湿度大、温度高的情况下，在皮鞋表面上会形成霉斑，这时可将酒精和水按 1：1 的比例配置，然后用软布蘸此溶液进行擦拭，放在通风处晾干即可。对发霉的皮包也可如此处理。

7 洗翻毛皮鞋

穿翻毛皮鞋时，脏了不容易洗涤，可先将黄米面和酒精调成糊状，涂抹在鞋面上，等晾干后再用硬刷把黄米面刷掉，脏东西就会容易除掉。

8 用柏树叶防蛀虫

将柏树叶采下以后，用清水洗净、晾干，再用纱布把它包起来，夹在书籍、衣服里能防蛀虫。

9 锁舌涂蜡门好关

在关防盗门的时候，门锁的锁槽与锁舌的摩擦阻力非常大，若在斜面接触锁槽的部位和斜面的锁舌部位涂上些蜡，就能使摩擦阻力减少，关门的时候既可消除噪音，又非常省力。

10 修地板裂缝

如果木制家具或地板有了裂缝，可将旧报纸剪成碎末状，加上些明矾，然后用米汤或清水将其煮成糊状，再用小刀将其嵌入裂缝处，干燥后便会非常牢固。

11 用卫生球除宠物身上的跳蚤

在猫的身上搓进 1~2 粒卫生球粉末，跳蚤即会被杀死。

12 用棉花复原家具

如果不小心，家中木质家具被尖硬的物体砸了一个坑，就会影响美观。若遇到了这样的情况，可以采取如下办法将其复原：先取一块尺寸大小大于坑面积的棉花，将棉花浸透水后再挤干，平铺在家具表面的坑里，将熨斗烧热后，放在棉花上，稍过一会儿，家具表面上的坑会慢慢膨胀起来，若家具表面的木质没有折断，经过此法就可很快恢复其原状。

13 用食盐洗地毯

在清洗地毯的时候，先均匀地在地毯上撒上些食盐，再用湿拖把去擦，用这种方法清洗地毯效果比较好，而且比较便捷。

14 地毯防潮

在铺地毯的时候，在地面上先糊上一层柔软的纸，就可有效地防止地毯受潮。

15 用橡皮去除口香糖

小孩吃过泡泡糖、口香糖后，经常到处乱贴。由于这些糖很黏，用水、肥皂、洗涤灵等都不好清除，可以直接用橡皮来擦拭，既干净又快捷。

16 怎样消除身上的静电

随身带个试电笔，在脱衣的时候手执试电笔，衣服脱下来以后把试电笔的笔尖按在衣服上，若看不到放电即已把身上和衣服上的静电消除。也可以在脱衣后，把试电笔的笔尖接触房中任何与地面连接的金属物上，如铁床、铁窗等，身上的静电即可被消除。

注意：千万不要将试电笔的笔尖接触他人，否则放电的时候会重击对方。

17 在拖鞋上装地线可消除静电

在拖鞋脚心部位插上一个曲别针（像钉书钉一样使其两端接触地面便可），可有效地消除身上的静电。

18 使指甲油长久不脱落

涂指甲油之前，先用棉签蘸点醋擦洗指甲，等醋干了之后再涂指甲油，这样涂的指甲油不易脱落。

19 使湿书变干

将湿了的书放进冰箱的冷冻室里，两天后将其取出，既能使书变干，又能使它非常平整。

20 防眼镜生水汽

戴眼镜吃冒有热气的汤菜或者洗澡的时候，会产生水汽，挡住视线。这时，只要在镜片上涂一点药液，即可防止这种现象的发生。把浓肥皂液 70 克和甘油 3 克混合后，加几滴松节油，搅拌均匀后即可制成药液。在使用的时候，要先用棉签蘸少许的药液反复擦拭镜片，然后再用绒布擦干净即可。

21 防止眼镜下滑

如果眼镜因镜腿松脱下滑，可把自行车胎气门芯上面的小橡皮管，用剪刀横向剪下宽 3 毫米左右两段橡皮圆环，然后分别套在镜架与镜腿之间的联结处上，这样，镜腿张开的时候，就会被橡皮圆环衬紧，会使镜腿紧紧地贴住脸颊，眼镜就不容易下滑了。

22 使变硬的毛巾复软

可将变硬毛巾先放到碱或洗衣粉溶液中浸泡，放在火上煮沸约 30 分钟，然后取出，用干净的清水漂洗干净，这样就可以使毛巾重新变得柔软，吸水性和色泽也会变好。

23 清除电冰箱霉菌

若电冰箱里有了些霉菌，则可用一块干净的湿布蘸些洗衣粉或者肥皂水来擦拭，若擦不掉，可再用一块干净的布蘸少量的酒精来擦拭。

24 治家具擦伤

若家具的漆面被擦伤了，但还没有触及漆下的木质，此时，可以找些跟家具颜色一样的颜料或蜡笔，然后涂抹有创面的家具，将外露的底色覆盖掉，然后，再涂上一层薄薄的透明的指甲油即可。

25 擦拭新家具的技巧

用茶叶水将新买回来的家具反复擦拭几遍，即可使其更有光泽，且在日后的使用过程中不易脱漆。

26 去除家具上的焦痕

烟头、烟灰或未熄灭的火柴等燃烧物有时会在家具漆面上留下焦痕。如果只是漆面烧灼，可用牙签上包一层细硬布，轻轻擦抹痕迹，然后涂上一层蜡，焦痕即可除去。还可以先将火灼过的木质用刀片除去，再用纲丝绒擦干净，然后用补

家具的胶水填好，使表面平滑，再用家具蜡磨光。

27 用牛奶除家具污渍

用浸过牛奶的干净抹布擦桌子等木制家具，然后用清水再擦拭一遍。去污的效果会非常好，此法适用于多种家具。

28 用蛋黄除家具污渍

用软刷子把两个搅匀的蛋黄涂在家具有污渍处，然后小心地用软布抹干净即可。另外，在使用家具的时候，一定要避免阳光直射。

29 用啤酒除家具污渍

按 100 毫升淡色啤酒、1 克糖、2 克蜂蜡的比例配成混合液，用软布蘸取冷却的混合液擦拭家具，可使家具油亮光洁。此法适于木质家具的清洁。

30 用白醋除家具污渍

用等量的热水和白醋来擦拭家具表面，然后再用一块干净的软布用力擦干净即可。此法适用于被油墨污染过的家具及红木家具的保养。

31 用柠檬除家具污渍

可用如下方法清除燃烧的火柴等在光亮的木器上留下的灼痕：先用半个柠檬反复擦拭污渍处；再用浸泡在热水里的软布来擦拭；最后再用干净的软布快速将其揩干、擦亮即可恢复如初。

32 用牙膏除家具污渍

变黄了的白漆家具，可以用干净的抹布蘸些牙膏或者牙粉反复擦拭，即可恢复白色。注意在擦的时候不能摩擦，否则会将油漆擦掉，破坏家具的表面。

33 用肥皂除家具污渍

定期将柔软的抹布或者海绵泡在肥皂水里，然后拧干，反复擦拭木质家具，待干透后，再用油蜡涂刷，可使家具保持油亮光滑。

34 用蜡液修复家具刮痕

若不小心把家具刮伤了，但还没有刮坏漆膜下面的木质，此时，可以用干净的软布蘸上少量已熔化的蜡液，涂在漆膜的刮伤处，将伤痕覆盖掉，待蜡质变硬以后，再涂

上一层，反复涂几次，即可掩盖刮伤处。

35 使卫生间易清理的技巧

（1）墙壁的清理：在选择墙壁瓷砖的时候，可选择面积比较大的瓷砖，这样在清理的时候就比较容易了。

（2）浴盆的清理：洗澡时先在浴盆中放些冷水，然后再放些热水，这样能延长浴盆的寿命。另外也不会有很多水汽产生，从而避免了霉菌的滋生。

（3）镜子的清理：喷些发胶在镜子上，然后再用抹布蘸些酒精将其擦除即可。

（4）淋浴喷头的清理：若淋浴的喷头阻塞了，可将喷头拆下来，然后将其浸泡在一碗醋里，约1小时后，用牙刷将阻塞物刷去即可。

36 除化纤地毯污渍

化纤地毯上弄上污渍以后，要立即用卫生纸或者布把污渍擦干净。除此以外，不同的污渍要用不同的措施：如果泼上牛奶、呕吐污物，要先用茶叶揉擦，再用中性洗洁剂擦洗；若是血液，先用肥皂水擦洗，然后再用氨水清洗。不管哪种污垢的去除，都不可以用热水烫，

而应用温水清洗。

37 修桌柜抽屉发涩

抽屉发涩、抽屉道磨损等都会出现抽拉发涩现象，这时可将抽屉拉出翻身，用烙铁在抽屉道上烫层蜡烛油，使油液渗入木质；然后再用相同的方法在桌柜相应的道上烫上蜡烛油，就可以减少抽屉磨损。

38 高压锅蒸米饭不粘锅

把米饭做熟后，会存有大量的蒸汽在锅里，此时，应将这些蒸汽自然慢慢地放出来，然后将限压阀拿掉，将锅盖打开，这样，米饭就不粘锅了。若米饭粘在锅底，难以铲掉，此时，只要在盛完第1次饭后，再将锅盖盖严，不加限压阀，等到第2次盛饭的时候，再将锅盖打开，这样，就很容易铲除粘在锅底的米饭了。

先不把阀加上，待热气冲出后，再把阀加上，等有声音时，即将火熄灭，待压力差不多消失后，即可开锅食用，这样，既不会粘锅，又省时。只要用火得当，不会有一点锅巴。注意：用此法时，要根据米的性质来加入适当的水，若想饭粒软硬适当，熄火后，要将压力保留在锅里，不要急着强

制冷却或放气。

当只做几两米饭的时候，可以当米饭快熟时，准备好一盆凉水，当米饭一熟，就将高压锅放在凉水里，两三秒钟后将它端出来即可。

39 锅粘底的清洗法

在清洗粘底的锅时，不应直接用清洁球来刷洗，这样不但会伤锅，而且效果也非常不好。此时，最好把材料倒出来，加入些清水（水要盖过粘底处），放在火炉上，用小火煮片刻。然后熄火，浸泡。隔一会再刷洗，即可轻易地将粘底物去除，且不会伤到锅。

40 玻璃杯防裂法

注入开水时，先放个金属汤匙在玻璃杯中，可以防止玻璃杯爆裂。或先倒入少量开水，再晃动玻璃杯，使之先均匀受热，然后再倒满开水，也可防止玻璃杯爆裂。

41 清理油烟盒

油烟盒的油倒掉后，油盒会很黏，非常难清洗。可以在安放前先在干净的油盒里放点水，然后再将油盒安放在油烟机上，让油往水上滴，待快满的时候，将其拿下

来，倒到水池里，即可把油全冲出来。这时，只要在百洁布上蘸点洗衣粉，擦洗油盒，然后用水冲洗，即可将油盒冲洗干净。

42 用猪肝修补砂锅裂缝

若砂锅有了裂缝时，可将生猪肝捣碎，然后再用冷水将其化开，滴在砂锅的裂缝处就可以了。

43 防铁锅生锈

取 2~3 碗浓米汤，并加入些粗茶叶，放在铁锅里煮沸，边擦锅边煮，大约半小时后将汤水倒掉，然后再把锅擦干即能防铁锅生锈。

44 防菜刀生锈

用完菜刀后，要将其擦拭干净，先放入清水中浸泡一会，再用火将其烤干，涂一点食油在上面，若要隔一段时间再用，应该用油纸将其包起来。

45 石灰水防菜刀生锈

把磨好的菜刀放到 2 升左右的石灰水里浸泡，用的时候就拿出来，用完后洗净，然后继续放到石灰水里浸泡，可防止生锈。

46 用蚊香灰磨刀

磨刀或其他金属器具时，可用蚊香灰加水，这样磨出来的刀或其他金属器具光洁平滑，不留磨迹。

47 菜板浸盐防裂

将新买回来的菜板放在浓盐水里浸泡半天至 1 天，然后取出晾干，即可久用不裂。

48 正确使用电脑的技巧

（1）在电脑工作时，严禁插、拔电脑电缆或者信号电缆。

（2）在未关闭电源的情况下，严禁打开机箱插、拔内部电缆及电路板。

（3）不要在电脑工作期间搬动或晃动机箱或显示器。

（4）关机后，若想再开机，则必须间隔 1 分钟以上。

（5）电脑长期不用的时候，要将电源插头拔掉。

（6）当使用外来插件时，一定要先用杀毒软件对其进行检查，当确认无病毒后，方可上机使用。

（7）使用格式化程序、设置程序、删除程序、拷贝程序的时候，要谨慎，以防带来不必要的损失。

(8) 对于那些重要的文件，要注意备份，软盘要远离磁场、电场、热源。定期用磁盘碎片整理程序来整理硬盘，提高运转速度。

(9) 若遇到自己不会处理的问题，最好请专业人士来解决，不要盲目动手，以免将故障范围扩大。

49 饮水机的日常保养

若饮水机长时间内不用，要将电源切断，等热水冷却后，再将排水阀打开，将机内的水放干净。若发生堵塞，冷水龙头里面的水出不来，将制冷开关关掉 4 小时左右即可。制冷温控器一般出厂的时候就调好了，不要擅自拧动，以免影响以后的正常工作。若发现电源线损坏了，为了避免危险，必须由制造厂或者维修部的专职人员来更换，不要采用插入或者将插头拔出来的方法来启动或停止机器工作。

50 冬季汽车防冻

冬季时节，首先要注意汽车的防冻。当气温接近 0℃，汽车在无保暖设备的车库或露天广场停放时，晚上应将散热器和发动机水套内的冷水全部放出，然后，让发动机怠速转动一两分钟，使残留水分充分蒸发即可。在气温低的情况下发动汽车，应先让发动机空转几秒钟，待机油及润滑系统充分运转后再开车；若在行驶过程中，应及时添加防冻液。

51 车内保养的点子

(1) 清洁座椅。当座椅还不是很脏时，建议用吸力比较强的吸尘器和长毛的刷子配合，一边用吸尘器吸口将污物吸出来，一边刷座椅的表面，效果很好。对于材质不同的座椅，采用此法，都有很好的清洁效果。

(2) 保养仪表板。取不同厚度的各种尺子片或木片，将其头部修理成矩形、斜三角或者尖形等不同的样式，然后，将其包在干净抹布里面清扫仪表板上的沟坎，既能提高清洁效果，又不会对被清扫的部分造成损伤。将各部分的灰尘打扫干净后，再喷一喷专用的仪表蜡，过几秒后，再用干净抹布擦拭一下即可。

(3) 特殊材质。现在很多汽车里，都运用了大量复杂的材料纤维等。对于这些特殊材质，可直接喷洒清洁剂，然后再用干净的抹布擦拭干净即可。另外，要喷涂一层橡胶保护剂，以防变硬、变脆。

对于那些高、中档车的皮革，在抹布上蘸些专用的清洁剂来清洁，完成后，再使其自然干燥为好。最后再喷上些专用的皮革蜡，用干净的抹布擦亮即可。

机起火，切勿直接打开发动机舱盖，用灭火器仅从缝隙向发动机内进行喷射式灭火。

52 处理轮胎突然破裂

在汽车行驶的过程中，若后轮胎破裂了，除了车身会有点颤动外，不会有很大的倾斜度，方向盘也不会有很大的摆动。一般，在车速太高的情况下，只要轻轻地踩一下制动踏板，汽车便会慢慢地停下，但千万不要紧急制动。

在汽车行驶的过程中，若前轮胎破裂了，必须将双手用力把方向盘控制住，采用点刹的方式逐渐降低车速，避免急刹车。

54 刹车失灵的处理

在刹车失灵的时候，要反复地踩离合器。将挡位换到最低速度，利用发动机的减速作用。当车速有所减缓的时候，要利用手闸制动。若车速太快，控制不住手闸，那就找一个合适的目标撞击。若有可能，将车驶离车道，驶到路边能够进入的地方，或者撞击护栏。若一定要撞击物体时，一定要将方向看准，将发动机关闭。

53 汽车着火时的处理

当汽车着火的时候，立即靠边停车熄火，切断电源。如果是发动

掌握生活窍门　享受快乐生活